たのしくできる
Raspberry Piとブレッドボードで電子工作

加藤 芳夫 [著]

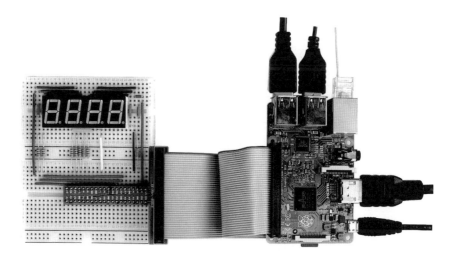

東京電機大学出版局

はじめに

　今から40年ほど前，初めて手に入れたワンボードマイコンは，メモリーがわずか256バイトで，16進のキーボードと7セグメント表示器が付いたものでした。それまでの電子工作は，トランジスターやICをハンダ付けして作るものでしたが，このマイコンでは，ソフトウェアロジックにより，いろいろなことができることに感動しました。

　当時の価格で10万円ほどしましたので，かなりの出費と記憶しております。メモリーが少ないことから，ビット単位の操作でいろいろな工夫が必要でした。1Kバイトのメモリーが1万円を要し，8Kバイトまで増設し，さらにプリンターやディスプレイコントローラーも自作の時代でした。その後，仕事の関係で汎用機やスーパーコンピューターの導入などに携わりましたが，ワンボードマイコンで得た知識が結構役に立ちました。

　パソコンの出現で，コンピューターは私たちの生活に身近なものとなり，インターネットの普及で，なくてはならないものとなりました。しかし，パソコンのプログラム作成や電子工作はハードルが高く，パソコンは既存のソフトウェアや周辺機器を利用して使うコンピューターとなっています。

　一方，ArduinoやBeegle Boardなどの小型のコンピューターが出現し，電子工作と組み合わせできることで注目されていました。そして，Raspberry Piの出現は，まさに目からうろこといった感じで，数世代前のパソコンに匹敵する機能や性能を有し，電子工作と組み合わせると，その使い方は無限といっても過言でないでしょう。これだけの性能を有したものが5千円程度で手に入ることは40年前のワンボードマイコンを経験した筆者にとっては隔世の感があります。

　Raspberry Piはバージョンが上がると，ともに機能や性能が飛躍的に向上し，次はどのようになるのかと想像するのも楽しみの一つでしょう。本書はRaspberry Pi 2を使用していろいろな電子工作にチャレンジするものです。そのRaspberry PiにはメジャーなOSとしてLinuxのDebianを核としたRasbianというOSをインストールして使用しました。

　世のサーバー機器のほとんどがLinuxのOSで安定に動作するようになり，そのオープンソースを誰でもフリーで使用できる環境などが多く

整っています。このような環境を踏襲している Rapsberry Pi は今後さらに発展することでしょう。

　プログラムはこれが正解というものはなく，作成者の個性が多分に出るものですが，本書では，初心者でも理解できるようにわかりやすく作成しました。本書を参考にしてさらなるオリジナリティのある電子工作をお楽しみいただければ幸いです。

2016 年 10 月

加藤芳夫

目 次

《基礎編》
Raspberry Pi の基礎 ……………… 2

1 Raspberry Pi って何だ ……………………… 2

2 Raspberry Pi でできること ………………… 2

3 Raspberry Pi の種類 ………………………… 3

4 Raspberry Pi の仕様 ………………………… 4

5 開発環境の構築 ……………………………… 6
- 5-1 必要な機材 …………………………………… 6
- 5-2 OS のインストール ………………………… 6
- 5-3 開発言語 ……………………………………… 12

6 C 言語の基礎 ………………………………… 12
- 6-1 C 言語の構成 ………………………………… 13
- 6-2 定　義 ………………………………………… 13
- 6-3 include 文 …………………………………… 13
- 6-4 コメント文 …………………………………… 14
- 6-5 演算子 ………………………………………… 14
- 6-6 変　数 ………………………………………… 15

7 C 言語によるプログラミング ……………… 16
- 7-1 代　入 ………………………………………… 16
- 7-2 演　算 ………………………………………… 17
- 7-3 条件判定 ……………………………………… 17
- 7-4 繰り返し ……………………………………… 18

8 wiringPiについて ……………………………… 20
8-1 wiringPiのインストール方法 …………………… 20
8-2 wiringPiの使用方法 ……………………………… 20
8-3 ソースファイルの作成 …………………………… 21
8-4 コンパイルと実行 ………………………………… 23
8-5 wiringPiによる基本的な操作 …………………… 23

ブレッドボード製作の準備 ………… 30

1 必要な部品など ………………………………… 30

2 コンパイルと起動 ……………………………… 39

《製作編》

1-1 簡単なデジタル時計 ……………………………… 42
1-1-1 機　能 …………………………………………… 42
1-1-2 回　路 …………………………………………… 42
1-1-3 製　作 …………………………………………… 45
1-1-4 プログラム ……………………………………… 46

1-2 リアルタイムクロックICを使用したデジタル時計… 52
1-2-1 概　要 …………………………………………… 52
1-2-2 回　路 …………………………………………… 53
1-2-3 製　作 …………………………………………… 55
1-2-4 操　作 …………………………………………… 56
1-2-5 プログラム ……………………………………… 58

1-3 GPS時計 …………………………………………… 65
1-3-1 機　能 …………………………………………… 65
1-3-2 回　路 …………………………………………… 65
1-3-3 製　作 …………………………………………… 68
1-3-4 プログラム ……………………………………… 73

1-4 しゃべる時計 ……………………………………… 80
1-4-1 音声合成ICについて …………………………… 80
1-4-2 回　路 …………………………………………… 81

1-4-3	製　作	85
1-4-4	プログラム	87

2-1　温度・湿度計 ……………………………… 95
2-1-1	回　路	95
2-1-2	製　作	96
2-1-3	プログラム	99

2-2　気圧計 …………………………………… 104
2-2-1	回　路	104
2-2-2	製　作	106
2-2-3	プログラム	109

3-1　ビンゴゲーム番号発生機 ………………… 114
3-1-1	機　能	114
3-1-2	回　路	114
3-1-3	製　作	117
3-1-4	プログラム	122
3-1-5	操　作	123

3-2　クリスマスツリー ………………………… 129
3-2-1	回　路	130
3-2-2	製　作	131
3-2-3	プログラム	136

3-3　「ありがとうございます」表示機 ………… 142
3-3-1	機　能	142
3-3-2	回　路	142
3-3-3	製　作	143
3-3-4	プログラム	149

コラム
"L"と"H"	47
アプリケーションの自動起動とシャットダウン	50
returnに( )を付けるか付けないか	64
テキストエディター「nano」	79
湿度計	103
現地気圧と海面気圧	104

基礎編

Raspberry Piの基礎
ブレッドボード製作の準備

Raspberry Piの基礎

1　Raspberry Piって何だ

※イギリスのプロセッサの設計開発会社。

　Raspberry Piは一口で言うと小さな小さな低価格のコンピューターで，ARM※プロセッサーを搭載しています。大きさは名刺程度ですが，これがとてつもない性能を持っていて，インターネットにつなぐこともできるし，ワープロや表計算などもこなします。もともとは教育用としてイギリスのRaspberry財団で開発され，それが瞬く間に世界中の人たちの注目を得て販売台数は1000万台にせまる勢いです。

　開発環境も整っていて，インターネット上にはいろいろなプロダクトが数多く掲載されているため，とても参考になります。

※Operating System

　OS※としてメジャーなものはLinuxのDebianを基としたRasbianがありますが，このほかLinuxのFedoraやBasicなどもインストールが可能となっています。

2　Raspberry Piでできること

　Raspberry Piは，ネットワークを接続してインターネットを閲覧したり，ワープロ機能で文書を作成したり，表計算でグラフを作ったり，サーバーに仕立てたり，普通のパソコンでできることはもちろんのこと，カメラをつないだり，機器に組み込んで各種制御システムとして利用することもできます。また，電子工作の心臓部として利用することもできます。

　一般的なパソコンでは，I/Oポートの制御やいろいろなデバイスと接続するのはハードルが高いのですが，Raspberry Piは電子工作に特化したコンピューターといっても過言でないほど至れり尽くせりの構成となっていて，これらに関するライブラリーも豊富に提供されています。消費電力もとても少なく，サーバーやセキュリティ機器など常時動作させておく用途にも適しています。

3 Raspberry Piの種類

Raspberry Piには，次のようないつくかの種類があります。
・Raspberry Pi 1 Model A（初期のバージョン，2012年頃，販売終了）
・Raspberry Pi 1 Model A+
・Raspberry Pi 1 Model B（販売終了）
・Raspberry Pi 1 Model B+
・Raspberry Pi 2 Model B（本書の製作例に使用）
・Raspberry Pi 3 Model B（2016年に販売）

Raspberry Pi 3 Model Bでは，無線LAN（Wi-Fi）やBuletooth機能も追加され，さらに高速化，高性能化されました。性能もそのつど飛躍的に向上していて，Raspberry Pi 2やRaspberry Pi 3ではストレスなく使用することができます。最近は，制御用に特化したRaspberry Pi Zeroが5ドルで販売され始めましたが，いろいろなことに使うにはRaspberry Pi 2やRaspberry Pi 3がよいでしょう。

Raspberry Pi 2 Model BのCPUはARM Cortex-A7（クアッドコア※）を使用し，クロック周波数は900 MHzで動作していますが，簡単に1 GHzまでクロックアップすることができます。

Raspberry Pi 3のCPUはCortex-A53（クアッドコア）を使用し，

※同一のパッケージ内部に演算処理回路を四つ搭載したCPU。

写真1 Raspberry Pi 1 Model B（左）　Raspberry Pi 2 Model B（中央）
Raspberry Pi 3 Model B（右）

1.2 GHz 動作と高速化されました。メモリーは 1 GB で通常での使用では不満を感じさせません。USB ポートを 4 個備えていますので，ここにキーボード，マウスなどいろいろな周辺機器を接続することができ，また，フラッシュメモリーを接続すれば外部メモリーとして使えます。

写真 1 は，Raspberry Pi 1 Model B，Raspberry Pi 2 Model B，そして Raspberry Pi 3 Model B です。

Raspberry Pi 1 Model B はフラッシュメモリーに SD カードを使用していますが，Raspberry Pi 2 や Raspberry Pi 3 では microSD カードとなっていて，電子工作に必要な入出力インターフェイスとして GPIO などは 40 ピン（40P）の拡張コネクターを利用することができます。

4　Raspberry Pi の仕様

Raspberry Pi は，新機種が発表されるたびに性能が向上しています。最新の Raspberry Pi 3 Model B は，先のように高性能で多機能化されていて，小電力のパソコン用途やサーバー用としても機能できる優れものですが，本書で使用する Raspberry Pi は，Raspberry Pi 2 Model B のバージョンとします。動作としては，Raspberry Pi 3 にある無線 LAN や Bluetooth は使用していませんので，Raspberry Pi 3 でも使用可能です。

主な Raspberry Pi の仕様は表 1 のとおりです。電子工作では，拡張コネクターの GPIO※を多く使用します。拡張コネクターの内容を表 2 に，ピン配置図を図 1 に示します。

※ General Purpose Input/Output

表 1　各種 Raspberry Pi の仕様

項　目	Raspberry Pi 1 Model B	Raspberry Pi 2 Model B	Raspberry Pi 3 Model B
CPU	ARM11	Cortex-A7×4	Cortex-A53×4
クロック	700 MHz	900 MHz	1.2 GHz
メモリー	512 MB	1 GB	1 GB
ストレージ	SD	microSD	microSD
拡張コネクターピン数	26	40	40
USB ポート数	2	4	4
HDMI 出力	○	○	○
NTSC 画像出力	○	○	○
LAN	○	○	○
無線 LAN	×	×	○
Bluetooth	×	×	○
オーディオ	○	○	○
専用カメラインターフェイス	○	○	○

表2 拡張コネクターの内容

ピン番号	名称	内容	ピン番号	名称	内容
1	3.3V	3.3 V 出力 MAX 50 mA	21	GPIO9/MISO	SPI の MISO
2	5V	5 V	22	GPIO25	
3	GPIO2/SDA	I²C の SDA 1.8 kΩ でプルアップ	23	GPIO11/SCLK	SPI のクロック
4	5V	5 V	24	GPIO8/CS0	SPI のチップセレクト
5	GPIO3	I²C の SCL 1.8 kΩ でプルアップ	25	GND	Ground
6	GND	Ground	26	GPIO7/CSI	SPI のチップセレクト
7	GPIO4/GPCLK		27	ID_SD	
8	GPIO14/TXD	UART 送信	28	ID_SC	
9	GND	Ground	29	GPIO5	
10	GPIO15/RXD	UART 受信	30	GND	Ground
11	GPIO17		31	GPIO6	
12	GPIO18/PCM_CLK/PWM0	I2S クロック PWM0 の出力	32	GPIO12/PWM0	PWM0 出力
13	GPIO27/PCM_DOUT		33	GPIO13/PWM1	PWM1 出力
14	GND	Ground	34	GND	Ground
15	GPIO22		35	GPIO19/MISO/PWM1/PCM_FS	SPI の MISO
16	GPIO23		36	GPIO16/CS2	SPI のチップセレクト
17	3.3V	3.3 V 出力 MAX 50 mA	37	GPIO26	
18	GPIO24		38	GPIO20/MOSI/PCM_DIN	SPI の MOSI
19	GPIO10/MOSI	SPI の MOSI	39	GND	Ground
20	GND	Ground	40	GPIO21/SCLK/PCM_DOUT	SPI のクロック

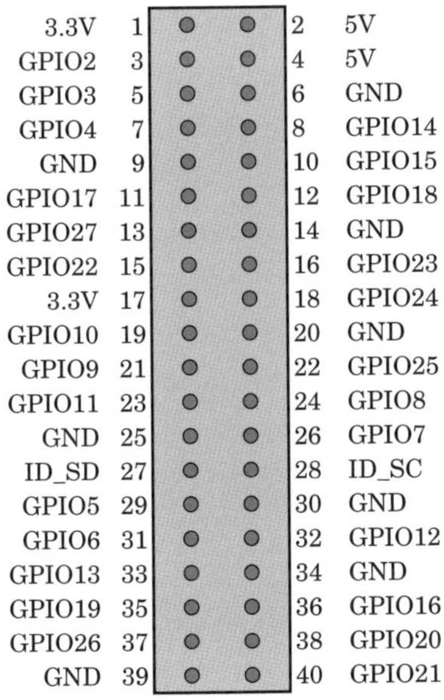

```
 3.3V    1  ● ●  2   5V
GPIO2    3  ● ●  4   5V
GPIO3    5  ● ●  6   GND
GPIO4    7  ● ●  8   GPIO14
  GND    9  ● ● 10   GPIO15
GPIO17  11  ● ● 12   GPIO18
GPIO27  13  ● ● 14   GND
GPIO22  15  ● ● 16   GPIO23
 3.3V   17  ● ● 18   GPIO24
GPIO10  19  ● ● 20   GND
GPIO9   21  ● ● 22   GPIO25
GPIO11  23  ● ● 24   GPIO8
  GND   25  ● ● 26   GPIO7
ID_SD   27  ● ● 28   ID_SC
GPIO5   29  ● ● 30   GND
GPIO6   31  ● ● 32   GPIO12
GPIO13  33  ● ● 34   GND
GPIO19  35  ● ● 36   GPIO16
GPIO26  37  ● ● 38   GPIO20
  GND   39  ● ● 40   GPIO21
```

図1 拡張コネクターピン配置図

5　開発環境の構築

5-1　必要な機材

　Raspberry Piを動作させるために用意しなければならない機材は，次のとおりです。

・Raspberry Pi本体

　Raspberry Pi 2　Model BまたはRaspberry Pi 3　Model B

・microSDカード

　8 GB以上のもので，なるべく高速のものが好ましく，SDHCのCLASS 10の32 GBを選ぶとよいでしょう。

・電　源

　5 V 2～3 A程度で，USB TYPE Aオスコネクターの USBケーブルを接続できるもの。

・Micro Bオス- TYPE AオスUSBケーブル

　本体，キーボードなどUSBポートへの電源を供給するため，太くてしっかりしたものを選んでください。

・HDMIケーブル

　Raspberry Piとモニターディスプレイの接続インターフェイスの基本はHDMIとしていますので，これに必要なものです。

・モニターディスプレイ

　入力インターフェイスとしてHDMIがあるものが好ましく，DVIの場合はHDMIからDVIへ変換するケーブル（またはHDMI⇔DVI変換コネクターでも対応可能）です。

・マウスとキーボード

　USBインターフェイスのもので，パソコンで使用している一般的なものです。

・パソコン

　Windows環境でRaspberry PiにOS（オペレーティングシステム）をインストールするためのもので，microSDカードリーダーも必要です。

・インターネット環境

　インターネットに接続してWeb上からRaspberry Pi用のインストーラーやOS，そして各種ライブラリーなどをダウンロードするためのものです。

5-2　OSのインストール

　Raspberry Piでは，何種類かのOSがありますが，一番多く使用さ

れているOSは，Raspbianというものです．このOSは，イギリスのRaspberry Pi財団のWeb（http://www.raspberrypi.org/）に接続すると画面1が表示されますので，一番上にあるDOWNLOADSのタブをクリックすると画面2のDOWNLOADのページが表示されます．

OSのインストール方法はいくつかありますが，Raspbianをインストールするためのインストーラ―NOOBSというソフトウェアをダウンロードし，これをmicroSDカードにコピーして使用することで簡単にRaspbianをインストールすることができます．ここまでは，Windowsのパソコンなどをインターネットに接続して実行します．

NOOBSをコピーしたmicorSDカードをRaspberry PiのmicroSDカードスロットに挿し込み，キーボード，マウス，ディスプレイ，インターネットと接続しているLANケーブルを接続し，電源を入れると，あとは自動的にRaspbianがインストールされます．その後，日本語環境やI^2Cインターフェイスの設定などいくつか初期設定する必要があり，これらを全て済ませると，Raspberry Piが使えるようになります．

画面1 Raspberry Pi財団のWeb（タイトルのイラストなど画像は随時変わる）

・microSDカードのフォーマット

8 GB以上のmicroSDカードで，なるべく高速なものを使用しましょう．写真2は，容量が32 GBで読み込み速度が90 MB/秒のものです．インターネットに接続可能なWindowsパソコンでmicroSDカードスロットに購入したmicroSDカードを挿入し，「コンピューター」をクリックすると「リムーバルディスク」が表示され，右クリックで「フォーマット」のダイアログが出ますので，FAT32でフォーマットします．すでにフォーマットされているものについては，この必要はありません．

写真2 microSD カードの例

・OS（Raspbian）のインストールのための NOOBS

Raspberry 財団の Web の DOWNLOADS のページ（https://www.raspberrypi.org/downloads/）に接続すると，画面2が表示されますので，NOOBS をクリックすると画面3の NOOBS を Download するページが表示されます。

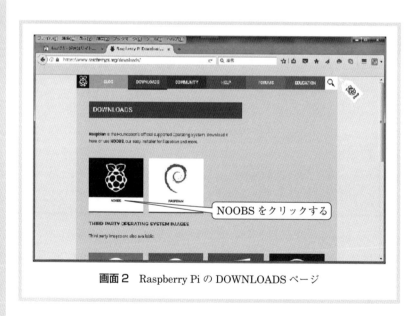

画面2 Raspberry Pi の DOWNLOADS ページ

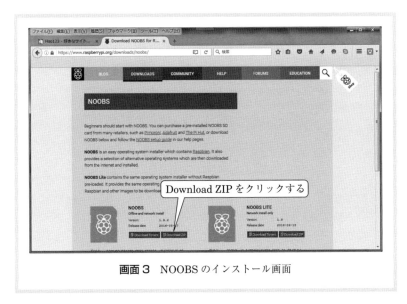

画面3　NOOBSのインストール画面

そこでDownload ZIPをクリックし，任意のフォルダーに保存します。2016年10月5日現在のバージョンは2.0.0でした。ダウンロードしたNOOBSはZIPで圧縮されていますので，解凍すると画面4のようなファイルが作られます。これをmicroSDカードにコピーします。

画面4　NOOBSの解凍後のファイル

Windowsパソコンでの作業はここまでで，NOOBSをコピーしたmicroSDカードをRaspberry PiのmicroSDカードスロットに挿し込み，キーボード，マウス，ディスプレイ（HDMI），LANケーブルをそれぞれ接続し，電源を入れるとRaspbianのインストールが開始され画面5が表示されます。そこで，「Raspbian（RECOMMENDED）」をクリックすると確認のダイアログが表示され「Yes」をクリックしますと，

画面5 Raspbianインストール開始画面

画面6 Raspbianのインストール経過画面

　画面6のように表示されます。この時点では日本語対応ではありませんが，このまま進めていきます。
　Raspbianが正常にインストールされると画面7が表示されますので，「OK」をクリックすると再起動します。
　ここまでは，日本語化されていませんので，日本語が扱えるよう各種設定をします。「Menu」→「Prefernces」→「Add / Remove Software」を開きます。「Options」画面でフォントの設定を行います。検索入力で「takao」を入力して検索を実行すると，各種フォントが表示されますので，必要なフォントに「✓」を入れ「Apply」をクリックします（画面8）。

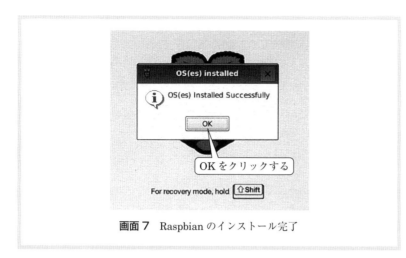

画面7　Raspbianのインストール完了

画面8　フォントの設定

　次に日本語入力を設定します。検索入力に「im-config」を入力して検索し，「Input metod configuration framework」に「✓」を入力し，「Apply」をクリックします。さらに検索入力で「ibus-mozc」を検索し，「Mozc engine for iBus」および「GUI utilities of the Mozc input method」に「✓」を入力し，「Apply」をクリックします。

　次に，「Menu」→「Preferences」→「Raspberry Pi Configuration」を開き，「Localisation」タブを開き「Set Locale」の「Language」で「ja (Japanese)」，「Country」で「JP (Japan)」，「Character Set」で「UTF-8」を選び「OK」をクリックします。次に「Set Timezone」で「Area」で「Asia」，「Location」で「Tokyo」を選び「OK」をクリックします。「Set Keyboard」で「Country」で「Japan」，「Keyboard」で「Japanese (OADG)」を選択し，元の画面で「OK」をクリックします。

そして再起動すると，画面右上に「US」の表示が出ますので，右クリックして「設定」のダイアログを開きます。

「次の入力メソッド」の右側のボタンをクリックし，「キーコード」に「Zenkaku_Hankaku」を入力し，「追加」をクリックします。「入力メソッド」のタブで「日本語 Mozc」を追加しますが，その前に「英語」を削除しておきましょう。

最後に「入力メソッドの選択」ダイアログで「日本語」「Japanese」を選択します。

5-3 開発言語

電子工作は，ハードウェアだけ製作すればそれで完成するものと，ハードウェアとソフトウェアを合わせて目的のものが完成するものがあります。

本書は，後者のハードウェア+ソフトウェアの方式のため，プログラムを作る環境が必要となります。ハードウェア+ソフトウェアの方式は，両者が問題なく動作することが条件ですので，不具合が発生したときにハードウェアに起因するものか，それともソフトウェアに起因するものかを見極めなければなりません。プログラムをモジュール化し，モジュール単位で問題なく動作することを確認することで，不具合発生時の対応をスムースに行うことができます。

プログラムを作るために必要となるのが開発言語ですが，これにもいろいろなものがあります。本書は，C言語を使用してプログラムを作ることにします。C言語は古くから使用されている言語で，Unix や Linux の OS では今でも現役で使用されている，とても実績のある言語です。

C言語はビット単位の制御やポインターや構造体などを使いこなすことにより，とても柔軟なプログラムを作ることができますが，ポインターや構造体といった所で挫折する人が多いと聞いています。このため，本書ではわかりやすいようにこれらのものはなるべく使用しないで目的のものを製作することにします。C言語のコンパイラーは Raspbian をインストールすることで組み込まれますので，そのまま使用することができます。

6 C言語の基礎

C言語の解説だけで1冊の本になるようなボリュームがありますが，ここでは，本書の製作で使っているプログラムを中心に解説することとし，基礎的なことを理解することにより，さらに発展したプログラムを

作るためのスタートとします。

6-1　C言語の構成

　一般的にプログラムは，複数のモジュールで構成され，これらを適切に組み合わせると目的のものが出来上がる構成になっています。プログラムをモジュール化することにより，共通のモジュールを繰り返し使用することで，効率的かつわかりやすいプログラムとなります。

　C言語ではこのモジュールを関数と呼んでいて，起動時に最初に実行されるmainが存在し，次々に関数を呼び出し（コール）目的の処理を実行します。関数間のデータのやり取りは，引数で渡す方式とグローバル変数といって共通に使用するものがありますが，グローバル変数を多用すると，関数の独立性が損なわれるという欠点があります。

　関数とは数学でいう関数と同じ意味で，ある値を与えてやると結果を返すというものです。例えば，x=a+bという関数があったとすると，aとbの値を与えると，a+bを演算して，その結果をxとして返すということです。どのような型の戻り値（結果）を返すかにより整数型（int）の関数であったり，戻り値をともなわない（void）関数であったり，いろいろな型があります。関数内で使用する変数はそれぞれ独立していて，別な関数で同じ名称の変数でも異なった変数として取り扱われることにより関数の独立性が保たれます。変数名は，大文字と小文字は区別して取り扱われます。

6-2　定　義

　プログラムのソースリストの中に #define x 10 という記述があるとします。これは，xが10であると定義する命令で，以降，プログラムの中で10の代わりにxとすることができます。本書のプログラムでは，Raspberry PiのGPIOの番号を定義するのに多く使用しています。例えば，7セグメント表示器のaセグメントをGPIO11に割り付けたときは，#define a 11 としています。

6-3　include文

　いろいろな定義やあらかじめ決まった処理などをファイル化しておき，必要なものをコンパイル時に組み込むことにより，ソースプログラムはとても簡潔になります。プログラムの先頭で，#include <stdio.h> や #include <stdlib.h> などはヘッダーファイルを読み込むための処理です。本書では，Raspberry Piの汎用I/Oポートなどを制御するWiringPiを多用しておりますので，やはりこのヘッダーファイルをインクルードし

ておく必要があり，#include <wiringPi.h> としています．自分で製作したものをあらかじめファイルとして保存し，それをインクルードすることもできますので，よく使うものはこの対象としておくとよいでしょう．

6-4　コメント文

プログラムを作成したらそれで終わりということはありません．そのあとでバグが見つかったり，さらに改修したり，ほかの人が見たり，また，デバックのために入れた命令をコメント化（コメントアウト）したり，後々ソースリストと照合することがよくあります．このため，プログラムにコメント（注釈）を入れておくとメインテナンス性が向上します．

コメントの入れ方は，/* と */ で囲まれた範囲や，// 以降改行までは，コメントとして扱い，コンパイラーはコンパイルの対象としません．コメントの例を次に示します．

```
x = a+b      /* aとbを加えxに入れる */
x = a+c      // aとcを加えxに入れる
```

6-5　演算子

C言語で使用する主な算術演算子を表3に，論理演算子を表4に示します．なお，変数に算術演算を行い，元の変数に代入するときは，次のような演算子を使うことができます．

```
a = a + 1 ;    →  a += 1 ;     // aに1を加える．
a = a - 1 ;    →  a -= 1 ;     // aから1を引く．
a = a * 10 ;   →  a *= 10 ;    // aに10を掛ける．
a = a / 10 ;   →  a /= 10 ;    // aを10で割る．
```

表3　算術演算子

	内　容	記　号	例	結　果
算術演算子	足し算	+	a = 10 + 20 ;	aは30となる
	引き算	-	a = 20 - 10 ;	aは10となる
	掛け算	*	a = 10 * 20 ;	aは200となる
	割り算	/	a = 20 / 10 ;	aは2となる
	剰余	%	a = 10 % 4 ;	aは2となる
	1を加える	++	a++ ;	aが+1される
	1を引く	--	a-- ;	aが-1される

表4 論理演算子，ビット演算子，シフト演算子

	内容	記号	例	結果
論理演算子	等しい	==	if(a == b)	aとbが等しいか
	等しくない	!=	If(a != b)	aとbが等しくないか
	より小さい	<	if(a < 10)	aが10より小さいか
	等しいかそれ以下	<=	if(a <= 10)	aが10かまたは小さいか
	より大きい	>	if(a > 10)	aが10より大きいか
	等しいかそれ以上	>=	if(a >= 10)	aが10かまたは大きいか
	論理積（AND）	&&	if(a == 10 && b == 20)	aが10そしてbが20か
	論理和（OR）	||	if(a == 10 || b == 20)	aが10かまたはbが20か
	否定（NOT）	!	a = 0xaa; a = !a ;	aは0x05となる
ビット演算子	論理積（AND）	&	a=0x55 & 0x0f	aは0x05となる
	論理和（OR）	|	a = 0xaa | 0x55	aは0xffとなる
	排他的論理和（XOR）	^	a = 0xaa ^ 0x05	aは0xAFとなる
	ビット反転	~	b = 0x55; a = !b ;	aは0xaaとなる
シフト演算子	左シフト	<<	a=0x55; a << 1;	aは0xaaとなる
	右シフト	>>	a=0x55; a >> 1;	aは0x2aとなる

シフト演算子は，符号を意識してシフトする（charやint）を算術シフトと符号を意識しないでシフトする（unsigned）論理シフトがあります。

6-6 変 数

どの開発言語でも，変数は必ず理解しておかなければならない項目であり，C言語で使用するものについて簡単に述べておきます。関数内で使用する変数はあらかじめ型（char，intなど）を宣言しておく必要があり，この宣言で初期値を設定（int abc = 120；）することも可能です。C言語で使用できる変数の型は表5のとおりです。

表5 C言語で使用できる変数の型

型	サイズ	数値の範囲	内容
char	8ビット	$-128 \sim 127$	文字を格納する型で，半角1文字分のサイズ
short	16ビット	$-32,768 \sim 32,767$	整数値を格納する型
int	16ビット	$-32,768 \sim 32,767$	整数値を格納する型
long	32ビット	$-2,147,483,648 \sim 2,147,483,647$	大きな数値を扱うときに使用する整数値を格納する型
float	32ビット	$1.0^{+38} \sim 1.0^{-38}$	実数値を格納する型で，有効数字は7桁
double	64ビット	$1.0^{+308} \sim 1.0^{-307}$	floatの2倍の型で有効数字は13桁
unsigned char	8ビット	$0 \sim 255$	符号なし整数値を表す型
unsigned int	16ビット	$0 \sim 65,535$	符号なし整数値を表す型

・配 列

連続した領域に複数のデータを持つ変数を確保したもので，添え字を用いて該当するデータを取り出したり，格納したりすることができます。int abc[10]；これは，abcという名前で整数型の配列が10個確保され

ていて，abc[0] は最初の配列のデータを意味し，abc[9] は最後のデータを意味し，[ ] 内の数値を添え字といい，0 から始まります。配列には一次元配列や二次元配列，そして三次元配列など，取り扱うデータにより宣言し，それぞれの添え字で目的とするデータを取り出したり，格納したりすることができます。添え字には，変数も使用することができます。abc という二次元配列は，int abc[10][10] ; というように宣言すると，変数 abc が 10 × 10 = 100 となり，100 確保されたことになります。

・文字列

複数の文字を格納する文字型配列で，文字列の最後は Null（0x00）が格納されますので，文字列の長さ＋1 バイト確保する必要があります。以下の例は，いずれも同じ結果の文字列が文字列 moji に格納されます。

char moji[10] = "ABCDEFGHI" ;

char moji[10] = {'A','B','C','D','E','F','G','H','I',0x00} としても同じ結果です。

char moji[ ] = "ABCDEFGHI" ; とするとコンパイラーが自動的にサイズを割り当てます。

任意の位置の文字を取り出すときは，

char c ;

c = moji[5] ; とすると，c には 6 番目の文字 F が格納されます。

7　C言語によるプログラミング

C 言語によるプログラミングを本書の電子工作に出てくる命令などについて例を示しながら解説します。一つの命令（文）の最後は ";"（セミコロン）で終わります。

if 文の範囲や繰り返しの範囲を示すため，{ と } で囲まれた範囲が，その命令が有効な処理を示します。本書は電子工作を主体としたプログラミングですので，ファイルの読み書きやコンソールを使用したり，画像処理をしたりするものなどは含まれていません。

Raspberry Pi では，当然このようなプログラミングも可能ですが，これらについては専門書にゆだねることとします。

7-1　代　入

変数に数値を格納したり，変数に別な変数を格納したりする命令です。

a = 10 ;　　　　// a に 10 を格納します。

a = b ;　　　　// b を a に格納します。

a = b + c ;　　　// b と c を加えた結果を a に格納します。

7-2 演 算

足し算，引き算，掛け算，割り算など算術演算を行う処理で，右辺の演算結果が左辺の変数へ代入されます。

```
a = (b + c + d) / e ;    // bとcとdを加えた結果をeで割っ
                         // た値がaに格納されます。
                         // aがintで宣言されているときは小
                         // 数点以下は切り捨てられます。
a = 100 % 40 ;           // 100を40で割った余り（20）がa
                         // に格納されます。
a++ ;                    // aに1が加算されます。
```

7-3 条件判定

・if文

条件判定により処理を分岐するもので，条件判定の結果が真のとき実行する範囲や，偽のときに実行する範囲を定めることができます。次の例は，条件が真のときのみ実行するものです。

```
If(a >= 10){
        b = 100;
        c = 200;
}
```

また，次の例は，条件判定の結果が真のときと，偽のときのいずれのときも範囲を決めて実行するものです。

```
If(a >= 10)        // aが10か，それ以上か
   b = 100 ;       // 条件判定の結果，真のときに実行されます。
else
   b = 200         // 条件判定が偽のときに実行されます。
```

真または偽の処理で複数の命令を書くときは { } でくくります。

```
if(a >= 10){       // aが10か，それ以上か
   if(d == 30)     // aが10より大きいとき，さらにdの条件を
                   // 判定します。
       b = 100 ;   // aが10より大きくて，dが30のとき実行
                   // されます。
}
```

条件判定の範囲を明確に示すため，インデントを付けると，その範囲がわかりやすくなりますので，プログラミングするときは，その癖を付けておくとよいでしょう。

※入れ子。プログラムの構造が再帰的に繰り返されて記述されていること。

　この例のように if 文の中に，さらに if 文で判定することをネスティング※といい，階層を重ねることができますが，あまりこの階層を深くするとプログラムがわかりにくくなりますので，なるべく条件判定をまとめて書くのがよいでしょう。そしてこの例は，次のようにも書くことができ，結果は同じものとなります。

```
if(a >= 10 && d == 30)    // a が 10 か，それ以上で d が 30 か
        b =100 ;          //  上記の if 文が合致したときに b に
                          //  100 が格納されます。
```

・switch 文

　複数の条件の判定に使い，条件が真となったところが実行されます。

```
switch(a){                    // a の条件により処理を振り分け
                              // ます。
        case 1:  b = 10 ;     // a が 1 のとき実行され，b に 10
                              // が格納されます。
                 break ;      // switch 文を抜け出ます。
        case 2:  b = 20 ;     // a が 2 のとき実行され，b に 20
                              // が格納されます。
                 break ;      // switch 文を抜け出ます。
        case 3:  b = 30 ;     // a が 3 のとき実行され，b に 30
                              // が格納されます。
                 break ;      // switch 文を抜け出ます。
        case 4:  b = 40 ;     // a が 4 のとき実行され，b に 40
                              // が格納されます。
                 break ;      // switch 文を抜け出ます。
        default: b = 99 ;     // a の値が 1，2，3，4 以外のと
                              // きに実行されます。
                 break ;      // switch 文を抜け出ます。
}                             // switch 文の有効範囲を示します。
```

7-4　繰り返し

　決まった回数だけ処理を繰り返し実行する場合と，条件が満たされているとき，または条件が満たされない間，処理を実行するものがあります。

・for 文

　決まった回数だけ処理を実行するときに使用しますが，繰り返しの中で，条件判定をして条件が真のときに for ループを抜け出すこともできますが，このような場合は，条件付きループ（while 文）を使うのがよ

いでしょう。
```
for(i = 0 ; i < 100 ; i++)    // iの値が0～99まで（100回）
                              // 繰り返されます。
        a++ ;                 // aが＋1されます。

for(i = 0 ; i <= 100 ; i++) { // iの値が0～100まで（101
                              // 回）繰り返されます。
        a++ ;                 // aが＋1されます。
        b-- ;                 // bが－1されます。
}                             // forループの中で複数の処理
                              // を行わせたいときは{}で囲
                              // み，範囲を指定します。
```

・while文

条件が満たされる間，ループ内の処理を実行するものです。ループに入る前に条件を判定し，条件が真のときにループ内を繰り返し実行します。

```
i = 0 ;
while(i < 100){       // iが100より小さい間{}で囲まれた範
                      // 囲の処理を実行します。
        a++ ;         // aが＋1されます。
        b-- ;         // bが－1されます。
        i++ ;         // iが＋1されます。
}

while(1){             // 常に条件が真（1）のため，{}で囲まれた範
                      // 囲を無限に繰り返します。
        ・・・・・・；  // {と}で囲まれた範囲内で無限に実行される
                      // 処理を書きます。
        ・・・・・・；
}

while(1) ;   // while(1)の後に"；"を付け，この処理を実行する
             // と条件が常に真のため，プログラムはここで繰り返
             // しますので，停止したようになります。
```

・do～while文

この処理は，条件が満たされている間，ループ内の処理を実行するも

のですが，while文の条件判定と異なり，ループの終わりで条件を判定
し，真の間，この処理を繰り返します。

```
 i = 0 ;
do{                   //  doとwhileの{}で囲まれた範囲の処理を条
                      //  件が真の間，実行します。
     a++ ;            //  aが＋1されます。
     b++ ;            //  bが＋1されます。
}while(i++ <100)      //  iが100以下か判定し，次にiが＋1され，
                      //  100より小さい場合，doとの間の処理を実行
                      //  します。
```

8 wiringPiについて

　wiringPiとは，Raspberry Piの汎用入出力ポートGPIOを制御する
ライブラリーで，このライブラリーを使用することで，Raspberry Piの
ハードウェアを意識しなくても簡単にプログラムを作ることができます。
本書はC言語でこのwiringPiを使用していますが，Ruby，Python，
PHP，Perlなどの言語でも使用することが可能です。また，ターミナ
ルウインドウ※を開いて，コマンドラインからGPIOをコントロールす
ることもできます。

※キーボードでコマンド入力による命令操作を行うこととその端末画面。

　本書は，電子工作を目的としていますので，GPIOのコントロールが
いたる所に出てきますが，全てこのwiringPiのライブラリーを使用し
ています。このライブラリーを使用するためには，Raspberry Piに
wiringPiをインストールする必要があります。

8-1　wiringPiのインストール方法

　インターネットと接続できるLANケーブルをRaspberry Piに接ぎ，
ターミナルウインドウを開いて次のコマンドでソースファイルをダウン
ロードしてビルドすると，wiringPiがシステムにインストールされま
す。

```
$ git clone git://git.drogon.net/wiringPi
$ cd wiringPi
$ ./build
```

8-2　wiringPiの使用方法

　wiringPiをプログラムの中で使用するときは，次のように最初にイ
ンクルードしておく必要があります。これにより，wiringPiを使った

プログラムをコンパイルするときに必要な定義などを組み込むことができます。
#include <wiringPi.h>

　電子工作の入門として「Lチカ」というものがありますが，これはLEDをチカチカと点滅させるもので，入出力ポートのコントロールの方法や初歩のプログラム作成の例としてよく扱われています。

　それでは，次のプログラムを見てみましょう．配線図は図2のとおりで，GPIO10に220Ωの抵抗とLEDを直列に接続し，GNDと接続します．220Ωの抵抗は，LEDに過大な電流が流れないよう電流を制限する電流制限抵抗です．この処理を実行すると1秒間隔でLEDが10回点滅します．

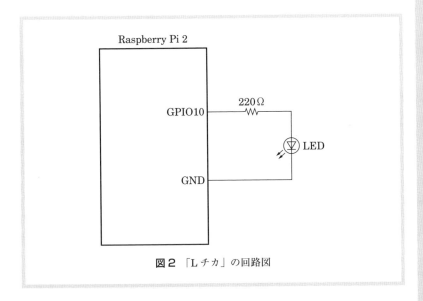

図2　「Lチカ」の回路図

8-3　ソースファイルの作成

テキストエディターで次のリストを入力します．

```
#include <wiringPi.h>    // wiringPiのヘッダーファイルをイン
                         // クルードします．
main(){
    int i ;              // 整数値iを確保します．
    if(wiringPiSetupGpio() == -1)
                    // GPIOセットアップをコールし，戻り値
                    // が−1のとき
        return (-1) ;
                    // はエラーとして−1を戻り値とします．
    for(i = 0; i < 10; i++){
```

```
                              // { }で囲まれた範囲を 10 回繰り返します。
        digitalWrite(10,1) ;  // GPIO10 に "H" を出力し，
                              // LED が点灯します。
        delay(100) ;          // 500 ミリ秒時間をとります。
                              // この間は何もしません。
        digitalWrite(10,0) ;  // GPIO10 に "L" を出力し，
                              // LED が消灯します。
        delay(100) ;          // 500 ミリ秒時間をとります。
                              // この間は何もしません。
    }
    return(0) ;               // 戻り値を 0 としプログラム
                              // を終了します。
}
```

　「L チカ」のプログラムに名前を付けて保存します。名前は lchika.c とし，保存方法は次のとおりです。
「ファイル」→「保存」，または「ファイル」→「別名で保存」
　digitalWrite は GPIO をオン・オフする命令で，引数は 2 個あり，最初の引数は GPIO 番号で，二番目の引数はオンまたはオフを指示するもので，1 とすると電圧（+3.3 V）が出力され LED が点灯し，0 とすると 0 V（GND レベル）が出力され LED が消灯します。この例では，GPIO の番号や 1 または 0 を直接書きましたが，プログラムをわかりやすくするためにあらかじめ名称で定義しておくとよいでしょう。

```
#include <wiringPi.h>         //  wiringPi のヘッダーファイルをイン
                              // クルードします。
#define LED 10                // LED が接続されている GPIO の番号
                              // を LED と定義します。
#define on  1                 // LED を点灯する定義です。
#define off 0                 // LED を消灯する定義です。
main(){
int i ;                                       // 整数値 i を確保します。
if(wiringPiSetupGpio() == -1) // GPIO セットアップをコー
                              // ルし，戻り値が -1 のとき
        return(-1) ;          // はエラーとして -1 を戻り
                              // 値とします。
for(i = 0; i < 10; i++){      // { }で囲まれた範囲を 10 回
                              // 繰り返します。
```

```
        digitalWrite(LED, on) ;     // LED を点灯します。
        delay(500) ;                // 500 ミリ秒時間をとります。
                                    // この間は何もしません。
        digitalWrite(LED, off) ;    // LED が消灯します。
        delay(500) ;                // 500 ミリ秒時間をとります。
                                    // この間は何もしません。
    }
    return(0) ;                     // 戻り値を 0 とし，プログラ
                                    // ムを終了します。
}
```

このように定義したものを使用すると，それぞれの命令が何をしているのかがよくわかるようになります。

8-4　コンパイルと実行

コンパイルは，ソースプログラムを保存してからターミナルウインドウを開いて，次のコマンドを入力します。
`$ cc -o lchika lchika.c -lwiringPi`

エラーがあるとその行番号とエラー内容が表示されますので，正しく修正し，再度エラーがなくなるまで修正とコンパイルを繰り返します。正常にコンパイルが終了すると実行モジュールの lchika のファイルができますので，ターミナルウインドウから $ sudo ./lchika とすると LED が 1 秒ごとに 10 回点滅するのが確認できます。

8-5　wiringPi による基本的な操作

8-5-1　GPIO 操作

wiringPi で GPIO を使用するときの番号の指定方法には，次の三つの方法があります。
① wiringPi 方式，② GPIO 番号直接指示，③拡張コネクターピン番号指示

本書では②の GPIO 番号を直接指示する方式を採用しています。本書で使用するものを以下に示します。

・**int wiringPiSetupGpio(void) ;**
wiringPi で GPIO を操作するためにセットアップする最初に実行するもので，成功したときの戻り値は 0 で，失敗のときは負の値となります。

例　if(wiringPiSetupGpio() == -1)　// GPIOセットアップを
　　　　　　　　　　　　　　　　　// コールし，戻り値が-1のときはエラー
return(-1) ;　　　　　　// として-1を戻り値とします。

・**void pinMode(int pin, int mode);**
　pinで示す番号のGPIOを入力または出力に設定するもので，modeを0にすると入力，1にすると出力，となります。
例　pinMode(10,1) ;　　// GPIO10を出力に設定します。

・**void pullUpDnConrol(int pin, int pud);**
　GPIOを入力に設定したときに，そのままだと不安定な状態となりますので，電源側に抵抗を接続するものをPullupといい，GND側に抵抗を接続するものをPulldownといいます。
　RaspberryPiは，外付けの抵抗を使わず，内部の抵抗をプログラムで設定することができます。引数は2個あり，最初のものはGPIOのピン番号，2番目はPullupのときはPUD_UP，PulldownのときはPUD_DOWN，PullupもPulldownもしないときはPUD_OFFします。
例　pullUpDnConrol(10, PUD_UP) ;　// GPIO10をプルアップ
　　　　　　　　　　　　　　　　　// します。

・**void digitalWrite(int pin,int value);**
　pinで示す番号のGPIOにvalueで示す値を出力します。
例　digitalWrite(10, 1) ;　// GPIO10に"H"を出力します。

・**digitalRead(int pin);**
　pinで示す番号のGPIOの状態を読み込みます。
例　if(digitalRead(10) == 1)　　　// GPIO10が1か否か判定
　　　　　　　　　　　　　　　　　// します。

8-5-2　通　信

　Raspberry Piと外部に接続されたデバイスとの通信を行うものでI^2C，SP，UARTの方式があります。通信方式に合ったヘッダーファイルをインクルードしておきます。
I^2Cのとき　　#include <wiringPiI2C,h>
SPIのとき　　 #include <wiringPiSPI.h>
UARTのとき　#include<wiringSerial.h>

(1) I²C

・`int wiringPiI2CSetup(int devid);`

引数にI²CデバイスのID（アドレス）を指定し，接続されているI²Cデバイスをオープンします．オープンできたときはファイルディスクリプター（fd）を返し，失敗のときは負の値を返します．接続されているI²CデバイスのIDを求めるときは，i2cdetect –y 1 のコマンドを入力すると，I²Cバス上に接続されている全てのI²Cデバイスのアドレスが16進数で表示され，この例では0x40であることがわかります．そのi2cdetectの結果を画面9に示します．なお，複数のI²Cデバイスが接続されているときは，複数のデバイスIDが表示されます．

16進数を表すときは，先頭に"0x"を付け，大きな数値のときは4ビットごとに区切り表記します．

10進数，2進数，16進数の対応を表6に示します．

画面9 i2cdetect の結果

表6 10進数，2進数，16進数の対応

10進数	2進数	16進数	10進数	2進数	16進数
0	0000	0	8	1000	8
1	0001	1	9	1001	9
2	0010	2	10	1010	A
3	0011	3	11	1011	B
4	0100	4	12	1100	C
5	0101	5	13	1101	D
6	0110	6	14	1110	E
7	0111	7	15	1111	F

例　fd=wiringPiI2CSetup(0x40);　　// I2Cデバイスのdevid(ア
　　　　　　　　　　　　　　　　　// ドレス：0x40)をオープンし，ファイルで
　　　　　　　　　　　　　　　　　// スクリプターを取得し，fdへ格納します。

・**int wiringPiI2CRead(int fd);**
　fdで示したファイルディスクリプターのデバイスから1バイト読み込みます。
例　c=wiringPiI2CRead(fd);　　// ファイルディスクリプターfd
　　　　　　　　　　　　　　　// のデバイスから1バイト読み
　　　　　　　　　　　　　　　// 込みます。

・**int wiringPiI2CWrite(int fd, int data);**
　fdで示したファイルディスクリプターのデバイスに1バイトのデータ（data）を書き込みます。
例　wiringPiI2CWrite(fd,0xff);　　// ファイルディスクリプ
　　　　　　　　　　　　　　　　　// ターfdのデバイスに1バイトの
　　　　　　　　　　　　　　　　　// データ（0xff）を書き込みます。

・**int wiringPiI2CWriteReg8(int fd, int reg, int data);**
　fdで示したファイルディスクリプターのデバイスの指定したレジスターに8ビットのデータ（data）を読み込みます。
例　wiringPiI2CWriteReg8(fd, 0x20, 0xff);
　　　　　　　　　　// ファイルディスクリプターfdのデバイスの
　　　　　　　　　　// レジスター0x20に0xffを書き込みます。

・**int wiringPiI2CWriteReg16(int fd, int reg, int data);**
　fdで示したファイルディスクリプターのデバイスの指定したレジスターにデータ（data）を書き込みます。16ビットのときは，下位バイト，上位バイトの順で書き込まれます。
例　wiringPiI2CWriteReg16(fd, 0x20, 0x0000);
　　　　　　　　　　// ファイルディスクリプターfdのデバイスの
　　　　　　　　　　// レジスター0x20に0xffを書き込みます。

・**int wiringPiI2CReadReg8(int fd, int reg);**
　fdで示したファイルディスクリプターのデバイスの指定したレジスターから8ビットのデータを読み込みます。
例　data = wiringPiI2CReadReg8(fd,0x20);
　　　　　　　　　　// ファイルディスクリプターfdのデバイス

　　　　　　　　// のレジスター 0x20 から 8 ビットのデータ
　　　　　　　　// を読み込み data に格納します。

・**int wiringPiI2CReadReg16(int fd, int reg);**

　fd で示したファイルディスクリプターのデバイスの指定したレジスターから 16 ビットのデータを読み込みます。

例　data = wiringPiI2CReadReg16(fd,0x20);
　　　　　　　　// ファイルディスクリプター fd のデバイス
　　　　　　　　// のレジスター 0x20 から 16 ビットのデー
　　　　　　　　// タを読み込み data に格納します。

(2) SPI

・**int wiringPiSPISetup(int channel, int speed);**

　channel 番号のデバイスを speed で示す速度でオープンし，オープンできたときはファイルディスクリプターを返し，エラーのときは負の値が返されます。

例　wiringPiSPISetup(0, 100000);
　　　　　　　　// SPI デバイスのチャネル 0 を 100 kHz
　　　　　　　　// のスピードで設定します。

・**int wiringPiSPIDataRW(int channel, unsigned char *data, int len);**

　channel 番号のデバイスへ data から len 分のデータを送信すると共に受信します。

例　wiringPiSPIDataRW(0, buff, sizeor(buff));
　　　　　　　　// buff に格納されたデータをそのサイズ分
　　　　　　　　// チャネル 0 に書き込み，その後，チャネ
　　　　　　　　// ル 0 から buff にデータを読み込みます。

(3) シリアル通信（UART※）

・**int serialOpen(char *device, int baud);**

　device で示すデバイス名（/dev/ttyAMA0）を通信速度 baud で示す通信速度でオープンします。オープンできたときは，ファイルディスクリプターが，オープンできなかったときは負の値が返されます。

例　fd=serialOpen("/dev/ttyAMA", 9600);
　　　　　　　　// シリアルポートを 9600 ボーでオープンします。

※ Universal Asynchronous Receive Transmitter

・**void serialClose(int fd);**
　シリアルポートをクローズします。
　例　serialClose(fd);　　// シリアルポートをクローズします。

・**void serialPutchar(int fd, unsigned char c);**
　シリアルポートへcで示す1文字を出力します。
　例　serialPutchar(fd, c);　　// シリアルポートへcのデータ
　　　　　　　　　　　　　　　　// を1バイト出力します。

・**void serialPuts(it fd, char *s);**
　シリアルポートへsで示す文字列を出力します。
　例　serialPuts(fd, data);　　// シリアルポートへdataの文
　　　　　　　　　　　　　　　　// 字列を出力します。

・**void serialPrintf(int fd, char *message);**
　シリアルポートへmessageで示す書式付きデータを出力します。
　例　serialPrintf(fd, "ABCDEFG/n");
　　　　　　　　　　　　// シリアルポートへ文字列ABCDEFGを
　　　　　　　　　　　　// 出力します。/nは改行指示です。

・**int serialDataAvail(int fd)**
　ファイルディスクリプターfdに受信したデータ数を求めるもので，受信したデータ数が戻されます。
　例　c=serialDataAvail(int fd);
　　　　　　　　　　　　// シリアルポートの受信したデータの
　　　　　　　　　　　　// 数をcに格納します。

・**int serialGetchar(int fd);**
　シリアルポートから1文字を受信します。
　例　data=serialGetchar(int fd);
　　　　　　　　　　　　// シリアルポートから1バイトのデータを
　　　　　　　　　　　　// 読み込みdataに格納します。

・**void serialFlush(fd);**
　シリアルポートの受信バッファーをクリアします。
　例　serialFlush(fd)　　// シリアルポートの受信バッファーを
　　　　　　　　　　　　　// クリアします。

8-5-4　遅延と割り込み

・`void delay(unsigned char howLong);`

　howLongで示すミリ秒（ミリセコンド）間，時間待ちします。

例　`delay(500);`　　　// 500ミリ秒（0.5秒）間の時間待ちです。

・`void delayMicroseconds(unsigned int howLong);`

　valueで示すmicroseconds（マイクロセコンド）間，時間待ちをします。

例　`delayMicroseconds(500);`　　// 500マイクロ秒間の時間待
　　　　　　　　　　　　　　　　// ちです。

・`int wiringPiISR(int pin, edgeType, *function);`

　pinで示すGPIOの割り込み設定で，割り込みが発生すると*functionで示した関数を実行します。GPIOの立ち上がりで割り込みを発生させるときはINT_EDGE_RISINGを，立ち下がりで割り込みを発生させるときはINT_EDGE_FALLINGを，立ち上がりと立ち下がりの両方で割り込みを発生させるときはINT_EDGE_BOTHを指定します。

例　`wiringPiISR(10, INT_EDGE_FALLING, *test);`
　　　　　　　　　// GPIO10の入力が立ち下がりのときに割り込み
　　　　　　　　　// が発生し，そのとき割り込み処理（test）を実行
　　　　　　　　　// するように設定します。この命令の前にGPIO10
　　　　　　　　　// を入力に設定しPullupしておきます。

・`int waitForInterrupt(int pin, int timeout);`

　pinで示すGPIOからの割り込みまでのタイムアウト時間を設定します。割り込み発生で1がタイムアウトで，0がエラーで負の値が戻されます。

例　`retcode = waitForInterrupt(10, 200);`
　　　　　　　　　// GPIO10の割り込み待時間を200ミリ秒に
　　　　　　　　　// 設定し，戻り値がretcodeに格納されます。

ブレッドボード製作の準備

Raspberry Pi 2 Model B の 40 ピンの拡張コネクターには汎用 I/O ポートが多数あり，これを使用することによりいろいろな電子工作が楽しめます。本書は，Raspberry Pi とブレッドボードを使用して時計や気象観測機器などを製作し，Raspberry Pi でプログラムの作り方や，いろいろなデバイスなどをコントロールする基本的なことを学びます。

1 必要な部品など

本書で製作するのに必要な部品の主なものについて解説します。また各製作の項目では，使用部品表でその規格などについて記載しています。

・ブレッドボード

使用するブレッドボードは写真1に示すもので，比較的小型なサンハヤトの SAD-101 を使用しています。大きさは 84（W）×52（D）×9 mm（H）です。横列が 30 ポイント，縦列が 12 ポイントの 360 ポイントと，電源のプラス（＋）とグランド（GND，－）でそれぞれ 24 ポイントの合計 408 ポイントのボードです。

一般的なブレッドボードでは接続された縦列のポイント数は 5 ですが，

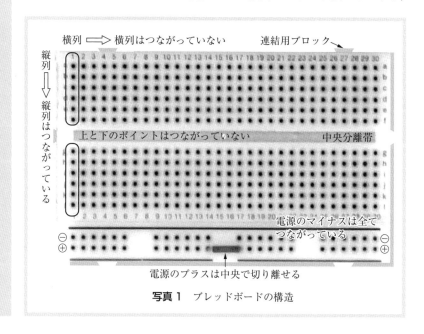

写真 1 ブレッドボードの構造

このブレッドボードは，接続されている縦列が6ポイントあります。しかし，本書の製作では一般的なものと同じ5ポイントのみを使用していますので，特にこの製品にこだわらなくてもよいでしょう。今後，ブレッドボードによるほかの電子工作を楽しむときは，縦列が6ポイントあると自由度が増すでしょう。使用するブレッドボードは，中央分離帯を挟んで上下に分離され，縦列の6ポイントは全て導通していて，これが30列横に並んでいます。部品と部品の接合は縦列を使用し，隣り合う横列は接続されていませんので，横列に部品を挿入していくことによって回路を構成することができます。

DIP※型のICは，中央分離帯をまたいで横向きに挿し込むことにより，それぞれのピンが独立した状態となります。本書での製作は，このブレッドボードを2〜3枚組み合わせて使用しています。SAD-101は組み合わせたときのガタツキもなく，しっかりと結合します。2枚を組み合わせたものを写真2に示します。

※ Dual In-Line Package

ブレッドボードは，製作するものの部品の数により大きさを選択することができるようにいろいろなものが入手できます。各種ブレッドボードを写真3に示します。

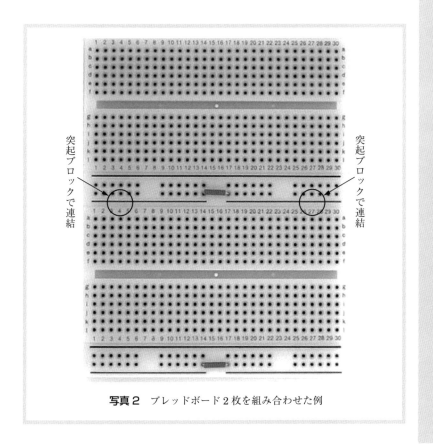

写真2　ブレッドボード2枚を組み合わせた例

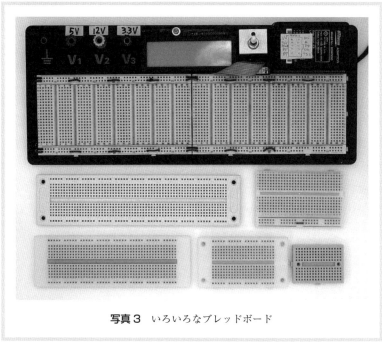

写真3 いろいろなブレッドボード

・ジャンプワイヤー

部品と部品を接続したり，ICのピンを必要なポイント（穴）まで延長したりするときに使用するもの[※]です．写真4はサンハヤトのジャンプワイヤーキット SKS-390 で，各種ポイント幅に折り曲げられているものや，より線の両端がピン加工されたものなど15種類のジャンプワイヤーが含まれています．また，ポイント幅により色分けされていて，配線後の確認にも役立っています．

ジャンプワイヤーは自作することもできます．使用する線は単芯で，その直径が 0.6〜0.8 mm 配線材料を採用し，（必要なポイントの数 ×

※離れた電気回路間をつなぐ電線．ジャンパー線．

写真4 サンハヤトのジャンプワイヤーキット SKS-390

2.5）＋16 mm に切断し，カッターナイフで芯線を傷つけないようにして線の端から 8 mm の所まで，両端の被覆を取り除きます。その両端をラジオペンチで直角に曲げれば完成です。ブレッドボード上でジャンプワイヤーが交差したり，重なったりしていなければ，被覆のないスズメッキ線を使うことができます。

・ラズベリーパイ B＋/A＋用ブレッドボード接続キット

Raspberry Pi 2 または 3 の 40 ピンの拡張コネクターを外部に引き出すための接続キットです。このキットには，両端に 40 ピンコネクターが付いた 15 cm のフラットケーブルと T 型の基板，40 ピンの 2 列ピンヘッダーと 1 列の細ピンヘッダー 2 本が含まれています。ピンヘッダーと細ピンヘッダーを T 型の基板にハンダ付けすることによって，T 型の基板はブレッドボードに挿し込める構造になります（写真 5）。また，T 型の基板の表面には GPIO の番号や電源，GND の表示がありますので，間違いがなく目的のものと接続しやすくなっています。

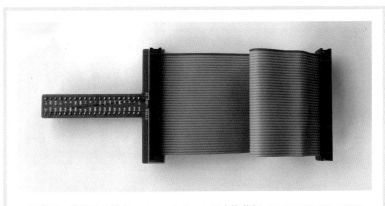

写真 5 秋月電子通商のブレッドボード用変換基板 AE-RBPi-BOB40KIT

・LED

LED※は，順方向（アノード側にプラス，カソード側にマイナス）に電圧を加えると光を発生するデバイスです。ただし，直接電源を加えると過大な電流が流れて破損してしまいますので，電流制限抵抗を LED と直列に接続する必要があります。また，この抵抗で明るさの調整もできます。LED は少ない電流で明るく発光することから省エネ型の光源として近年，照明器具や自動車，信号機などにも盛んに使用されるようになりました。本書で使用しているものは直径 5 mm の小さなものです。

※ Light Emitting Diode

・7セグメント表示器

　七つのセグメント（a, b, c, d, e, f, g）の組み合わせで0〜9までの数字を表示するもので，小数点としてのdp※という表示もあります。色は赤，青，緑，黄などがありますが，同じ電圧を加えても色の違いで電流値が異なることから，Raspberry Piの最大電流容量を超えないように考慮する必要があります。

※ decimal point

　dpを含めた目的のセグメントに電流を流すと内部のLEDが発光しますので，表示したい数値により点灯させるセグメントを組み合わせます。本書で使用しているものは，各桁の同一セグメントが内部で並列に接続されているダイナミック表示用です。4桁のものを写真6に示します。各セグメントのアノード側が共通となっているものがアノードコモン型と呼び，カソード側が共通になっているものをカソードコモン型と呼び，本書はアノードコモン型を使用しています。7セグメント表示器の数値とセグメントの対応を表1に示します。また，各セグメントの配置を図1に示します。

写真6　7セグメント表示器（4桁のダイナミック表示用）

表1　7セグメント表示器の数値とセグメントの対応（○で点灯）

数値＼セグメント	a	b	c	d	e	f	g
0	○	○	○	○	○	○	
1		○	○				
2	○	○		○	○		○
3	○	○	○	○			○
4		○	○			○	○
5	○		○	○		○	○
6	○		○	○	○	○	○
7	○	○	○			○	
8	○	○	○	○	○	○	○
9	○	○	○			○	○

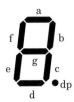

図1 7セグメント表示器のセグメント位置

・押しボタンスイッチ（タクトスイッチ）

　上部突起のボタンを押すと接点がオンとなり，離すとオフになるスイッチで，4本足と2本足のものがあります（写真7）。4本足のものは足の長さが短いためブレッドボードからはずれやすいことから，足の長い2本足のものを使用するのがよいでしょう。

写真7 4本足と2本足のタクトスイッチ

・抵　抗

　抵抗は電気の流れを妨げる部品ですが，わざわざ電気の流れを妨げるのには理由があります。本書で使用している抵抗のほとんどがLEDの電流制限用の抵抗ですが，これはLEDに大きな電流が流れるとLEDが破損してしまうため，適切な電流を流すように抵抗をLEDと直列に挿入して電流値を少なくしています。また，抵抗に電流が流れると，その両端に電位差が生じますので，これを利用して信号を取り出したり，電圧を降下させたりすることができます。

　R〔Ω〕の抵抗にI〔A〕の電流が流れたとき，その両端に生じる電圧E〔V〕は，有名なオームの法則から$E = I \times R$で求められます。

　なお，抵抗値の表示はカラーコードと呼ばれる色で数値を表しているもので，数値と色の対応は表2のとおりです。この色と数値の覚え方と

しての「語呂合わせ」がありますので，これを覚えておくとよいでしょう。慣れてくると色の組み合わせを見ただけで，抵抗値がわかるようになります。

表2 抵抗のカラーコードの数値と乗数の覚え方

色	有効数字	乗　数	誤差〔%〕	覚え方
黒	0	10^0		黒い礼 (0) 服
茶	1	10^1	±1	小林一茶 (1茶)
赤	2	10^2	±2	赤い人 (2) 参
橙	3	10^3		第三 (橙3) の男
黄	4	10^4		岸 (黄4) 恵子
緑	5	10^5		嬰 (緑) 児 (5) (みどりご)
青	6	10^6		青二才のろく (6) でなし
紫	7	10^7		紫式 (7) 部
灰	8	10^8		ハイ (灰) ヤー (8)
白	9	10^9		ホワイト (白) ク (9) リスマス
金		10^{-1}	±5	
銀		10^{-2}	10	

・コンデンサー

　コンデンサーは直流を通さず，交流を通す性質を持っていて，その役割は電気を蓄えたり，回路から交流信号を取り出したりする目的で使用されています。

　単位はファラッド〔F〕ですが，この値はとても大きいので，通常はその10^{-6}のμF（マイクロファラッド）が使われています。ちなみに最近では，ファラッドそのままの単位で表記されている大容量の電気二重層コンデンサー※もあります。このコンデンサーは蓄電が主な目的です。

　本書では一部の製作の所で，$0.1\mu F$のものを使用していますが，これは電源から生じるノイズによって回路が誤動作するのを防ぐためのものです。コンデンサーには耐圧があり，使用する回路の電圧より十分耐圧の高いものが必要で，低いものを使用すると破損（時には爆発）することもありますので，注意が必要です。

　コンデンサーの容量の表記方法は，電解コンデンサーのように$100\mu F$ 50Vのごとく容量と耐圧そのものが表示されているものや，103K，104Kというように標記されているものがあります。103Kとは10×10^3，つまり$10\times1,000=10,000$ pF（単位はピコファラッド）となります。pFは$10^{-6}\mu F$ですので，103Kは$0.01\mu F$となり，末尾がKの場合，誤差は表3に示すように±10%となります。

※電気二重層という物理的な現象を利用することで蓄電量が著しく高められたコンデンサー。

表3 コンデンサーの値の誤差の標記方法

記　号	誤差の範囲〔％〕
C	±0.1
D	±0.25
F	±1
G	±2
J	±5
K	±10
M	±20
N	−20〜50
Z	−20〜80

・ボリューム

「しゃべる時計」の小型のオーディオアンプICの入力の所にボリュームを使用しています。このボリュームによりアンプに入力する信号の大きさを変えることで，音量調整が可能となります。ブレッドボードで試作する場合は，脚の長いものがそのまま挿し込めますので，写真8のようなものが便利です。

写真8 ボリューム

・電源アダプター

Raspberry Piに供給する電源は5Vで，電流容量はRaspberry Pi 2 Model Bでは2A程度のもの，Raspberry Pi 3 Model Bでは2.5A程度のものを推奨しています。電流容量が少ないと不安定になったり，USB機器へ十分な電力が供給されなかったりして，不安定な状況となります。電源が不安定な状況になるとディスプレイ画面の右上に虹色のようなアイコンが現れますので，十分余裕のあるものと交換してください。なお，Raspberry Piとの接続はUSBケーブルですので，電源アダプター側がUSBコネクターとなっている必要があります。

Raspberry Pi 2 Model Bの対応では，秋月電子通商のスイッチングACアダプター5V2Aの「AD-B50P200」，Raspberry Pi 3 Model B対応のものは，5V2.5Aの「AD-B50P250」がよいでしょう。接続のUSBケーブルは電源アダプター側がTYPE Aオス，Raspberry Pi側がマイクロBオスで電流容量が十分保証されたものが必要です。

・必要な工具類

　ブレッドボードに短いジャンプワイヤーを挿し込むときに必要な工具として，先の細いラジオペンチと，線を切断するニッパーが必要となります。工具は，値段が高くてもしっかりしたものを入手することが基本ですが，ブレッドボードの電子工作では，100円ショップで売られている工具でも問題なく使用できます。写真9は，100円ショップで販売されているラジオペンチとニッパーです。また，製作するものによってはハンダ付けがあり，その場合ハンダゴテとヤニ入りハンダが必要ですが，ハンダ付けの対象となるものはそれほど大きくないことから，ワット数は15W程度のものでよいでしょう。クリスマスツリーやメッセージを表示するボックスは，木板の加工がありますので，カッターナイフ，のこぎり，ドリルなどが必要となります。

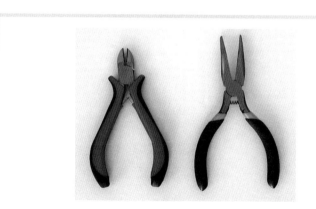

写真9　ニッパー（左）とラジオペンチ

・そのほか，揃えておきたいもの

　製作に必要な部品については，各項で使用部品表に示していますが，回路図にはない部品が必要となります。例えば，ネジ，ケース，スペーサーなどです。そのほか，接着剤，両面テープ，そしていろいろな線材なども用意しておくと，いざというときに役立ちます。

2　コンパイルと起動

　本書の電子工作は，ハードウェアとソフトウェアの二つが整って初めて動作するもので，ハードウェアはブレッドボード上で，ソフトウェアはRaspberry Piの内部でそれぞれ動作するものです。このため，ハードウェアを制御するプログラムが必要となります。その順序は，ソースプログラムの作成→コンパイル→実行の流れとなりますが，一発で完璧というわけにはいきません。コンパイルエラーの修正，デバッグなど完成までに多くの時間を要しますが，動作が確証できたものは，その後のプログラム作成に有効に使用できますので，なるべくモジュール化しておくことをお勧めします。

　本書で使用しているプログラミング言語は，C言語です。ソースプログラムは，人間がプログラムの流れを理解しやすくするためのもので，そのままではコンピューターは理解できません。このため，ソースプログラムが出来上がったらコンパイルし，Raspberry Piが理解できる機械（マシン）語へ変換する必要があります。

　マイコンと呼ばれたころは，コンピューターが理解できるコードとしての機械語で直接プログラムを作ったりしましたが，これでは開発効率やメンテナンス性が良くなく，現在では人間が理解しやすい高級言語が使用されています。さらに，オブジェクト指向※の言語では開発効率がとてもよく，広く使用されています。

　目的の処理のプログラムは，エディターを使用してテキストファイル形式で作成します。ファイル名は*****.Cという名称で任意のフォルダーに格納します。

　ターミナルウインドウを開き，次のコンパイルのコマンドを実行します。エラーがあると，その行番号や，エラー原因などが表示されますので正しく修正し，エラーがなくなるまでコンパイルします。「簡単なデジタル時計」を例にとると，コンパイル実行のコマンドはcc -o ntp ntp.c - lwiringPi，実行はsudo ./ntpのコマンドを入力し，7セグメント表示器に現在時刻が表示されれば正常に動作していることを確認できます。表示が正常でないときは，ハードウェアまたはソフトウェアに問題があり，このどちらかを見極めて修復する必要性があります。

※プログラミングの手法の一つ。ソフトウェアの設計開発において操作の手順よりも操作対象に重点を置く考え方。

製 作 編

☆製作編の 1-1〜1-4 は精度の高い時計，2-1〜2-2 は身近な気象観測，3-1〜3-3 は楽しく便利なディスプレイをテーマとした電子工作となっています。

- 1-1　簡単なデジタル時計
- 1-2　リアルタイムクロック IC を使用したデジタル時計
- 1-3　GPS 時計
- 1-4　しゃべる時計
- 2-1　温度・湿度計
- 2-2　気圧計
- 3-1　ビンゴゲーム番号発生器
- 3-2　クリスマスツリー
- 3-3　「ありがとうございます」表示機

1-1 簡単なデジタル時計

※ Real Time Clock

※ Network Time Protocol

　Raspberry Piには，ハードウェアによるRTC※は内蔵されていませんが，ネットワークに接続してあると常に正確な時刻を管理しています．これはNTP※という機能でインターネット上にあるタイムサーバーを定期的にアクセスし，そこから時刻情報を取得し，Raspberry Piの内部にソフトウェアによる時計が動いているためです．
　この内部時計の情報を7セグメント表示器に表示する時計を製作します．

1-1-1　機　能

　Raspberry Piには，Ethernet（LAN）接続するためのRJ-45のコネクターが標準装備されていますので，インターネット環境があれば簡単に接続することができます．また，USBコネクターにWi-Fiのアダプターを挿すことにより無線LANで接続することも可能です．さらにRaspberry Pi 3 Model Bでは，Wi-Fi機能が標準装備されています．このようなインターネット環境を使用することにより，正確な時刻情報を管理することが可能となります．
　本機は4桁の7セグメント数字表示器に時と分を表示するもので，Raspberry Piの内部時刻情報を現在時刻に変換して表示するため，時刻合わせなどの機能はありません．

1-1-2　回　路

　本機の回路図を図1-1-1に，使用部品表を表1-1-1に示します．4桁の7セグメント表示器（写真1-1-1，図1-1-2）と抵抗8本のみで，その表示方式は，ダイナミック点灯方式を採用しています．ダイナミック点灯方式とは複数桁の7セグメント表示器を順次切り替えて表示するもので，ある瞬間は一つの桁のみ点灯していますが，高速で切り替えることにより，人間の目の残像効果により全ての表示器が同時に点灯しているように見えます（詳細は1-2節参照）．本機は，1桁の表示時間を約4ミリ秒（ミリセコンド）としています．
　Raspberry Piとの接続は，どの桁を表示するかの四つのデジット選択と，dp（小数点）を含む八つのセグメントで，全部で12個のGPIOを

使用しています．その各セグメントには電流制限用抵抗220Ωを直列に接続しています．本器の7セグメント表示器は青色のOSL40562-IBで，220Ωの抵抗値で一つのセグメントに流れる電流を実測してみたところ

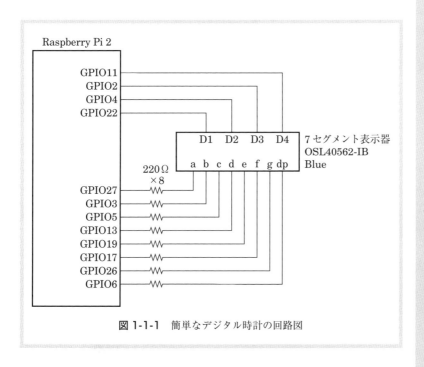

図 1-1-1 簡単なデジタル時計の回路図

表 1-1-1 使用部品表

部品名	規　格	数量	備　考
ラズベリーパイ本体	Raspberry Pi 2	1	秋月電子通商
ブレッドボード接続キット	ラズベリーパイB＋/A＋用 AE-RBPi-BOB40KIT	1	〃
AC電源アダプター	5V2A，AD-B50P200	1	〃
7セグメント表示器 4桁ダイナミック表示用	OSL40562-IB	1	〃
ブレッドボード	サンハヤト SAD-101	2	千石電商
ジャンプワイヤー	サンハヤト SKS-390	一式	〃
抵抗	220Ω 1/4W	8	秋月電子通商

写真 1-1-1 アノードコモン7セグメント表示器 OSL40562-IB

図 1-1-2　7セグメント表示器 OSL40562-IB のピン配置図

1.1 mA で，dp を含む全部のセグメントが点灯したときのアノードに流れる電流は 8.8 mA でした．ある瞬間には，この電流がデジット選択の GPIO から流れ出します．GPIO の駆動能力はデフォルトで 8 mA ですので本機はわずかに超えていますが，このまま使用しました．駆動能力は最大で 16 mA まで 8 段階に変えることができますが，余り大きくし過ぎると，不安定動作の原因となりますので注意が必要です．

なお，本機のプログラムを停止させたいときは，GPIO23 を "L"（GND，

写真 1-1-2　簡単なデジタル時計のブレッドボード
　　　　　 時刻表示の様子（14 時 38 分 45 秒〜 59 秒の間）

0Vにすること）にすると停止し，OS（オペレーティングシステム）の
コマンド待ちとなります。特に，停止用スイッチは付けていませんので，
ジャンプワイヤーなどで接続してください。

"L"や"H"の表現については，コラム「"L"と"H"」を参照してく
ださい。

1-1-3 製 作

ブレッドボードを2枚使用し，1枚に7セグメント表示器を，もう1
枚にはRaspberry Piの拡張I/Oピンとの接続用に使用しています。部
品数も少ないことから簡単に製作することができるでしょう。写真1-1-2
と実体配線図（図1-1-3）を参照し，ジャンプワイヤーを挿し込んでく

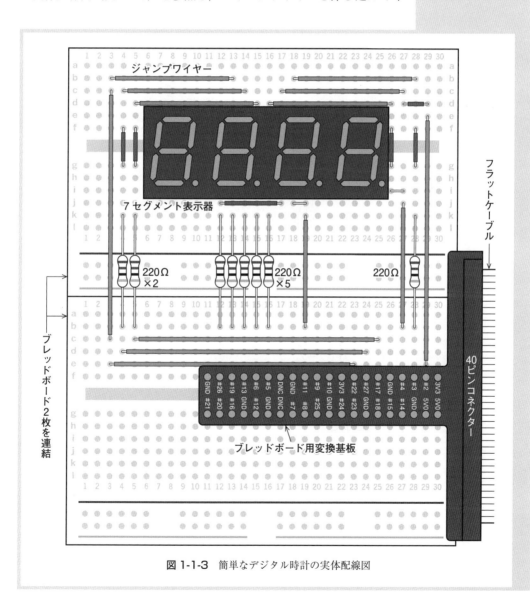

図1-1-3 簡単なデジタル時計の実体配線図

ださい。使用したジャンプワイヤーは，大小含めて全部で21本です。220Ωの抵抗は，二つのブレッドボードにまたがりますので，図1-1-4のような幅にリード線を折り曲げて挿し込みます。

Raspberry Piと本機の接続の様子を写真1-1-3に示します。そのほかの製作においても同様に接続しています。

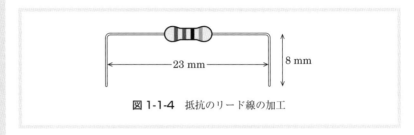

図1-1-4 抵抗のリード線の加工

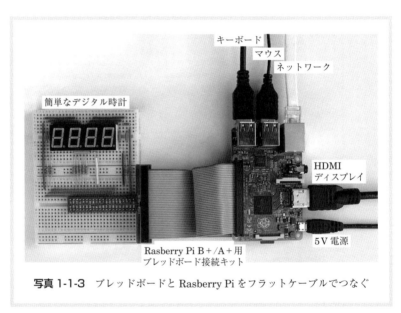

写真1-1-3 ブレッドボードとRasberry Piをフラットケーブルでつなぐ

1-1-4 プログラム

プログラムの構成はとても簡単です。メイン処理と三つの関数から構成されています。インクルードファイルは，wiringPi.hとtime.hです。

・erase_led

全てのデジットのGPIOに"L"を，全てのセグメントのGPIOに"H"を出力し，表示を全て消去します。

・disp_dt

dispから表示するデジット選択番号と表示する数字が引数として渡され，この情報をGPIOに出力し，7セグメント表示器に数字を表示します。一つのデジットの表示時間は約4ミリ秒です。本機では，時と分のみを表示し，秒は大まかにわかるように0～14秒は1分台（デジット

4）のdp（小数点）を，15～29秒は10分台（デジット3）のdpを，30～44秒は1時台（デジット2）のdpを，そして45～59秒は10時台（デジット1）のdpを点滅させています．

・disp

　時，分の表示方法は，時間を10で割り，その商（10時台）をデジット1へ，余り（1時台）をデジット2に，同じように分を10で割り，商（10分台）をデジット3へ，余り（1分台）をデジット4へ表示します．これらの商と余りは引数として表示処理（disp_dt）へ渡します．デジット4の表示が終了すると，countを+1し，デジット1の表示へ戻り，この処理を繰り返します．countが60になったときにシステム時刻情報を読み込みます．

・init

　wiringPiで使用するGPIOのセットアップと，7セグメント表示器に使用するGPIOを出力設定し，停止のためのGPIO23は入力に設定してさらにプルアップしておきます．プルアップは入力端子に抵抗を介して電源に接続することで，入力端子を常に"H"の状態としておき，不安定な状態を回避しています．プルダウンはその逆で，抵抗を介してGNDに接続するもので，常に"L"の状態にしておくものです．このプルアップ，プルダウンの設定は，外付けの抵抗は必要とせず，Raspberry Piではプログラムで設定できます．

・メイン（main）

　GPIOのinit関数（初期設定）をコール後，無限ループの中でシステム時刻の取得，時分の表示を繰り返します．システム時刻情報の管理は，1970年1月1日0時0分0秒を起点として，それからの経過時間（秒）が使用されています．この情報は世界協定時によるものですが，ローカルタイムへ変換することで，日本時間の年，月，日，時，分，秒，そして曜日の情報が得られます．本機は，このうち時，分，秒を使用しています．変換した時刻情報の時分を表示するための関数dispをコールします．プログラムを停止したいときは，GPIO23をGNDと接続します．

コラム ： "L"と"H"

　ロジック回路では，電圧が高い状態か，低い状態かで情報を表現し，これを2値状態といいます．使用するデバイスの閾値（しきいち）を境にして，高い場合は"1"や"H"，低い場合は"0"や"L"の表現を使います．本書では，この2値の状態を示す表現として閾値より低い状態を"L"とし，高い状態を"H"とします．閾値は，デバイスの材料や加える電圧などで異なります．

▶ 簡単なデジタル時計のプログラムリスト

```c
//**********************************************************************************
//** Program Name : ntp.c
//** Description  : システム時刻を使用したデジタル時計
//** Include file : wiringPi.h time.h
//** Compile      : cc -o ntp ntp.c -lwiringPi
//**********************************************************************************
#include <wiringPi.h>         // wiringPi のヘッダーファイルをインクルード
#include <time.h>             // time のヘッダーファイルをインクルード
#define a            27       // a セグメントの GPIO
#define b            3        // b セグメントの GPIO
#define c            5        // c セグメントの GPIO
#define d            13       // d セグメントの GPIO
#define e            19       // e セグメントの GPIO
#define f            17       // f セグメントの GPIO
#define g            26       // g セグメントの GPIO
#define dp           6        // dp セグメントの GPIO
#define stop_pin     23       // 停止ピンの GPIO
char digit_port[4] = {22,4,2,11} ; // デジット選択のGPIO デジット1,2,3,4の順
char seg_data[11][9] = {              // 7セグメント表示器セグメントデータ
              { a,b,c,d,e,f,0,0,0},   // 0
              { b,c,0,0,0,0,0,0,0},   // 1
              { a,b,d,e,g,0,0,0,0},   // 2
              { a,b,c,d,g,0,0,0,0},   // 3
              { b,c,f,g,0,0,0,0,0},   // 4
              { a,c,d,f,g,0,0,0,0},   // 5
              { a,c,d,e,f,g,0,0,0},   // 6
              { a,b,c,f,0,0,0,0,0},   // 7
              { a,b,c,d,e,f,g,0,0},   // 8
              { a,b,c,d,f,g,0,0,0},   // 9
              {dp,0,0,0,0,0,0,0,0}} ; // dp
time_t timer;
struct tm *tim;          // 時刻構造体
//************************************************************************
// 全ての表示を消去
//************************************************************************
void erase_led(){
        int i ;
        for(i=0; i<4; i++)              // 各デジットのGPIOに"L"を出力
                digitalWrite(digit_port[i],0) ;
        for(i=0; i<7; i++)              // 全てのセグメントのGPIOに"H"を出力
                digitalWrite(seg_data[8][i],1) ;
        digitalWrite(dp,1) ;            // dp のGPIOに"H"を出力
}

//************************************************************************
//7セグメント表示器に数字を表示
//************************************************************************
void disp_dt(char digit,char cnt,char time_dt){
        int i = 0 ;
        erase_led() ;                           // 全ての表示を消去
        digitalWrite(digit_port[digit],1) ;     // 引数で渡されたデジットのGPIOに
                                                // "H"を出力
        while(seg_data[time_dt][i] != 0)        // セグメントデータが0になるまで繰り返す
```

※ i=0; の代入文や四則演算などは，演算子との間に見やすくするため，スペースを入れています。for などはスペースを入れていません。

```c
                        digitalWrite(seg_data[time_dt][i++],0);
                if(cnt >= 30 && 3-digit == tim->tm_sec/15)  // 秒の値によりdpの点滅位置を
                                                            // 決める
                        digitalWrite(dp,0) ;        // dpのGPIOに"L"を出力  dpが点灯
                    else
                        digitalWrite(dp,1) ;        // dpのGPIOに"H"を出力  dpが消灯
                delay(4) ;                          // 4ミリ秒休止
}

//*****************************************************************
// 分時によりデジット位置を決める
//*****************************************************************
void disp(char cnt){
        disp_dt(0,cnt,tim->tm_hour / 10) ;   // 時を10で割り，商をデジット1へ
        disp_dt(1,cnt,tim->tm_hour % 10) ;   // 時を10で割り，余りをデジット2へ
        disp_dt(2,cnt,tim->tm_min / 10) ;    // 分を10で割り，商をデジット3へ
        disp_dt(3,cnt,tim->tm_min % 10) ;    // 分を10で割り，余りをデジット4へ
}

//*****************************************************************
// 初期化
//*****************************************************************
int init(){
        int i ;
        if(wiringPiSetupGpio() == -1)            // GPIOのセットアップ
                return(-1) ;                     // エラーのときは-1を返す
        pinMode(stop_pin,INPUT) ;                // ストップピンのGPIOを入力に設定
        pullUpDnControl(stop_pin,PUD_UP);        // プルアップ
        for(i=0; i<4; i++)
                pinMode(digit_port[i],OUTPUT) ;  // デジットのGPIOを出力に設定
        for(i=0; i<7; i++)
                pinMode(seg_data[8][i],OUTPUT) ; // セグメントのGPIOを出力に設定
        pinMode(dp,OUTPUT) ;                     // dpのGPIOを出力に設定
        return(1) ;
}

//*****************************************************************
// メイン
//*****************************************************************
int main(void) {
        char count = 60 ;      // 起動時はシステム時刻を取得
        if(init() == -1)       // 初期化処理をコールし，戻り値が-1のときはプログラム終了
                return(-1) ;
        while(digitalRead(stop_pin) != 0){   // ストップピンが"L"となるまで繰り返す
                if(count == 60){             // 表示を60回したらシステム時刻を取得
                        time(&timer) ;       // システム時刻データを取得
                        tim = localtime(&timer) ; // ローカルタイムへ変換
                        count = 0 ;
                }
                disp(count) ;      // 表示関数をコール
                count++ ;
        }
        erase_led() ;              // 全ての表示を消去
        return(1);
}
```

コラム : アプリケーションの自動起動とシャットダウン

1 自動起動

プログラムを作成は，次の順序で行いますが，①や②は飛ばしてモニター画面に向かってエディタープログラムで直接ソースファイルを作成するのがほとんどでしょう。

ソースファイルができあがると，④と⑤を何回か繰り返して完成します。

① プログラム設計
② コーディング
③ ソースファイルの作成
④ コンパイル
⑤ デバック
⑥ 完成

完成したプログラムは，ターミナルウインドウから起動し，実際の動作をすることができます。この場合は，キーボード，マウス，ディスプレイが必要となりますが，本書で作成したプログラムは周辺機器を使用せず，電源オンとともに目的のプログラムが自動的に起動することが求められます。目的のプログラムを自動起動するようにするためには，/etc/rc.local の内容を書き換えます。ターミナルウインドウを開き，次のコマンドを入力して，/etc￥rc.local を変更し保存します。

$sudo /etc/rc.local

次の画面が表示されますので，最後の行(exit0)の前に自動起動させるプログラムのパスとプログラム名を記載して保存します。この例では，/home/pi/Proram/ntp にある ntp を自動起動するもので，最後に & を付け加え「/home/pi/Program/ntp/ntp &」とします。変更後の保存は，Ctrl キーと O を同時に押します。

2　シャットダウン

　コンピューターの電源をオフにするときは，一定の手順を踏んでから電源をオフにしないとファイルが壊れたり，最悪の場合は，システムが起動しなくなったりすることもあります。

　Raspberry Pi の電源をオフにするときは，ディスプレイとマウスでシャットダウンをしますが，本書で作成したプログラムは，自動起動のためディスプレイもマウスも接続していませんので，GPIO18 を GND に接続すると，シャットダウンコマンドを実行し，安全に電源をオフします。そのため，次のプログラムをコンパイルします。

　コンパイル方法は，ターミナルウインドウで cc -o shutdown_sw shutdown_sw.c –lwiringPi を実行します。自動起動と同じように /etc/rc.local に「/home/pi/Program/shutdown_sw &」を追加します。

```
// GPIO18をGNDと接続するとシャットダウンするプログラム
// cc -o shutdown_sw shutdown_sw.c –lwiringPi　コンパイル方法
#include <stdio.h>
#include <wiringPi.h>
#define shutdown_sw 18          // GPIO18をshutdownスイッチとする
int main(void){
        if(wiringPiSetupGpio() == -1)  // GPIOのセットアップ
        return(-1) ;                   // セットアップエラー
        pinMode(shutdown_sw,INPUT) ;
                                       // shutdown_swを入力に設定
        pullUpDnControl(shutdown_sw,PUD_UP);
                                       // shutdown_swをプルアップ
        while(digitalRead(shutdown_sw) != 0);
                                       // shutdown_swが押されるまで待つ
        system("shutdown -h now") ;
            // shutdown_swが押されたらshutdownコマンドを実行
        return(1);
}
```

1-2 リアルタイムクロック IC を使用したデジタル時計

このデジタル時計は，本体の電源をオフにしても時刻を刻み続けるもので，必要なときに電源を入れれば，現在時刻を7セグメント表示器に表示する省エネ時計です。

1-2-1 概　要

※ RTC : Real Time Clock

ピン間隔 0.5 mm の 22 ピン SON パッケージのリアルタイムクロック※ IC（RTC-8564NB）を 8 ピン DIP 基板に実装されたモジュールを使用します（写真 1-2-1）。この IC は，年月日時分秒，曜日，うるう年そしてアラーム機能を持った多機能なものです。本機は時，分，秒の情報のみを使用していますが，秒の数字表示機能はなく，小数点の位置で大まかな秒を知ることができるように工夫しています。これは 4 桁の表示器で，0 ～ 14 秒は 1 分台（デジット 4）の dp を，15 ～ 29 秒は 10 分台（デジット 3）の dp を，30 ～ 44 秒は 1 時台（デジット 2）の dp を，45 ～ 59 秒は 10 時台（デジット 1）の dp を 1 秒ごとに点滅させています。

時刻合わせは，時分の調整と時刻設定用の 3 個の押しボタンスイッチ（タクトスイッチ）があります。RTC-8564NB は 1 秒ごとの信号（1pps）が出力されていますので，この信号で Raspberry Pi に割り込みをかけて，RTC から時刻データを読み込み，7 セグメント表示器に表示します。本体の電源がオフとなっても 3 V のリチウム電池（CR2032）で RTC をバックアップしていますので，電源を入れれば現在時刻を表示します。

写真 1-2-1　リアルタイムクロックモジュール RTC-8564NB

1-2-2 回 路

本機の回路図を図 1-2-1 に，使用部品表を表 1-2-1 に示します。RTC と Raspberry Pi との通信は I²C インターフェイスで行います。RTC モジュールの SCL は GPIO3 に，SDA は GPIO2 に接続します。1 pps の CLK 信号は，GPIO21 と接続し，1 pps の立ち下がり（"H" から "L" に変化したとき）で割り込みを発生させ，RTC から時刻情報を取得します。＋3.3 V と GND の合計 5 本線で接続します。RTC-8564NB のピン配置図を図 1-2-2 に示します。本体の電源オフ時のバックアップ電池の所には，逆流防止用のダイオード（1N4148）を 2 本使用しています。7 セグメント表示器は赤色を使用したため，全てのセグメントがオンとなったときは GPIO の許容電流値を超えますので，トランジスター（2SA1015）を使用してアノードをコントロールし，各セグメントは 220 Ω の電流制限抵抗を介して GPIO と接続しています。各セグメントのアノードが共通になっているものをアノードコモン型といい，カソードが共通のものをカソードコモン型といいます。アノードコモン型とカソードコモン型の内部接続図を図 1-2-3 に示します。本機は，アノードコモン型の OSL40562-IR を使用しています。

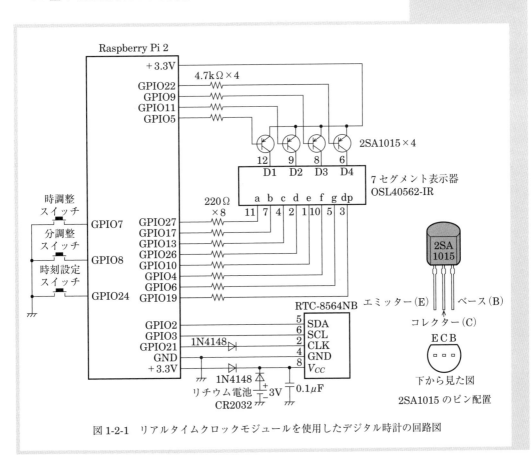

図 1-2-1　リアルタイムクロックモジュールを使用したデジタル時計の回路図

デジット選択のGPIOを"L"とするとトランジスター（2SA1015）がオンとなって7セグメント表示器のアノードに電圧が加わり，このとき各セグメント（a〜g, dp）の表示したい数字の桁を"L"にすると

表1-2-1 使用部品表

部品名	規格	数量	備考
ラズベリーパイ本体	Raspberry Pi 2	1	秋月電子通商
ブレッドボード接続キット	ラズベリーパイB＋/A＋用 AE-RBPi-BOB40KIT	1	〃
AC電源アダプター	5V 2A, AD-B50P200	1	〃
リアルタイムクロックモジュール	RTC-8564NB	1	〃
7セグメント表示器 4桁ダイナミック表示用	OSL40562-IR	4	〃
トランジスター	2SA1015	4	〃
ブレッドボード	サンハヤト SAD-101	3	千石電商
押しボタンスイッチ	タクトスイッチ，2本足のもの	3	秋月電子通商
スイッチングダイオード	1N4148	3	〃
抵抗	4.7kΩ 1/4 W	4	〃
	220Ω 1/4 W	8	〃
セラミックコンデンサー	0.1μF	1	〃
リチウム電池	CR2032	1	〃
電池ホルダー	CR2032用（縦型）	1	〃
配線材料	ジャンプワイヤー	一式	千石電商

1	CLKOE	5	SDA
2	CLKOUT	6	SCL
3	INT	7	NC
4	V_{SS} (GND)	8	V_{DD}

ピン配置図（上面）

図1-2-2 RTC-8564NBのピン配置図

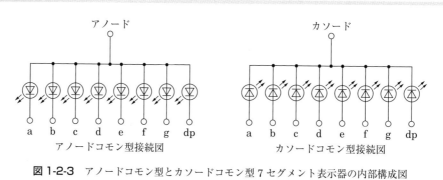

図1-2-3 アノードコモン型とカソードコモン型7セグメント表示器の内部構成図

目的の数字が表示されます。この動作をデジット1～デジット4まで高速に切り替えると，全てのデジットが同時に表示されているように見えます。これは，人間の目の残像効果によるものです。本機は，一つのデジットを2ミリ秒ごとに切り替えています。このような表示方法をダイナミック表示方式といい，その動作説明を図1-2-4に示します。

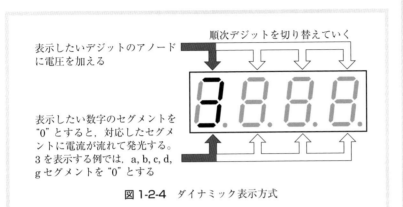

図 1-2-4 ダイナミック表示方式

1-2-3 製作

ブレッドボードは3枚使用し，7セグメント表示器用（図1-2-5），デジット選択トランジスター用，Raspberry Piとの接続用を配置して，ジャンプワイヤーで接ぎます。バックアップ用の電池CR2032は，スペースを取らないよう縦型の電池ホルダーを使用しています。電流制限抵抗の220Ωは，ブレッドボードの中心部に取り付けますので，リード線を抵抗本体の幅と同じくらいに短く折り曲げます。

ブレッドボードのジャンプワイヤーの配線は，写真1-2-2と図1-2-6を参考にしてください。

1	e	7	b
2	d	8	DIG3
3	dp	9	DIG2
4	c	10	f
5	g	11	a
6	DIG4	12	DIG1

図 1-2-5 7セグメント表示器 OSL40562-IR のピン配置図

写真 1-2-2 リアルタイムクロックICを使用したデジタル時計のブレッドボード

1-2-4 操 作

　本機のプログラムが起動すると，最初にRTCから時刻データを読み込みますが，初めて電源をオンとし，これまで時刻設定をしなかったり，電池切れや何らかの理由でバックアップ電源がオフとなった場合，秒データ（second）のMSB※が"H"となりますので，これをチェックすることにより時刻データが消えていることを判定し，gセグメントを点灯して表示を「————」とします。このときは，時刻合わせが必要となります。時刻合わせの方法は，三つの押しボタンスイッチ（タクトスイッチ）により行います。

※ Most Significant Bit
：最上位ビット

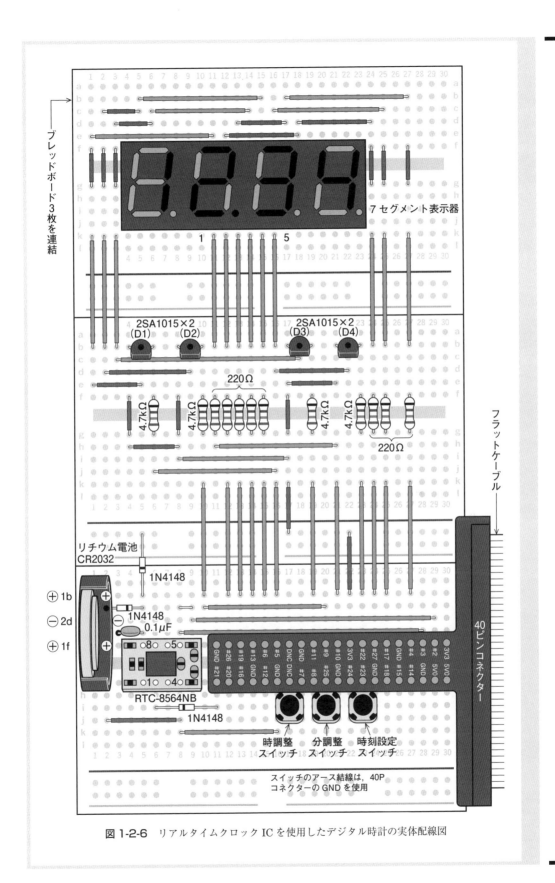

図 1-2-6　リアルタイムクロック IC を使用したデジタル時計の実体配線図

GPIO7に接続されているスイッチ（時調整）を押すと約0.4秒ごとに時間の表示が進みますので，現在時で停止します．さらに，GPIO8に接続されているスイッチ（分調整）を押すと，同様に分の表示が進みますので，現在分＋1の表示とし，正確な時計で秒が0となったときにGPIO24に接続されているスイッチ（時刻設定）を押すと，RTCにその時刻が設定されます．

1-2-5 プログラム

・convertion_bcd

引数で渡されたバイナリーデータをBCD※データへ変換し，そのデータを戻します．

※2進数の値を4桁使って10進数の1桁分の値を表現する方法．

・conv_dicimal

引数で渡されたデータをBCDデータからバイナリーデータへ変換し，そのデータを戻します．

・set_time

RTCへ時刻データを設定する関数で，秒，分，時のデータを書き込みます．

・get_time_dt

I^2Cインターフェイスによる通信でRTCから時刻情報を読み込みます．最初に秒のデータの最上位ビット（MSB）をチェックし，これが"H"のときに，まだ時刻設定がされていないときや，RTCのバックアップ電源がオフとなったときは，－1を返します．正常のときはRTCから秒，分，時のデータを読み込み，これを引数としてconv_dicimalをコールし，BCDからバイナリー値へ変換します．

・interrupt

初期設定で設定した割り込み時に実行される関数で，RTCからの1秒ごとの信号（1pps）で割り込みが発生し，この関数が実行されます．時刻調整以外のとき（flgが1）RTCから現在時刻を読み込む関数get_timeをコールします．

・erase_led

全てのデジットのGPIOと全てのセグメントのGPIOに"H"を出力し，表示を消去します．

・disp_dt

最初に全ての表示を消去し，dispから渡された引数で，該当するデジットのGPIOに"L"を出力し，次に表示するデータに該当するセグメントを"L"とすることにより，数字が表示されます．秒を15で割り，その商で該当するデジットのdpを約1秒間隔で点滅させます．一

つのデジットの表示を2ミリ秒とするためdelay関数をコールします。

・disp

　分を10で割り，余りを1分のデータとしてdisp_dt関数をコールします。次に分を10で割り，商を10分のデータとしてdisp_dt関数をコールします。時についても，同様の処理で表示します。表示するデジットのGPIO番号と余り，または商をdisp_dtに対して引数として与えます。これらの表示が完了するとcountを+1します。

・adj_time

　時刻設定スイッチが押されたかを検出し，時調整スイッチが押されたときは，時の表示を1時間ずつ進め，24になったら0とします。同様に分調整スイッチも1分ずつ進め，60になったら0とします。時刻設定スイッチが押されたら，set_time関数をコールします。

・power_off_msg

　RTCのバックアップ電源がオフとなったときにmainからコールされ，7セグメント表示器に「————」を表示し，時調整，または分調整スイッチが押されるまで，この表示を続けます。

・init

　GPIOの設定処理wringPiSetupGpioをコールし，セットアップできずエラーが発生した場合はプログラムを終了します。正常のときは，以下の処理を実行します。

　I^2CインターフェイスのRTCのオープン（wiringPiI2CSetup）をコールし，エラーのときはプログラムを終了します。正常のときはファイルディスクリプター（fd）を取得し，fdへ格納します。その後，7セグメント表示器に接続されているGPIOを出力設定し，さらに時刻調整スイッチGPIOを入力設定とプルアップに設定します。続いてRTCからの1秒ごとの信号の立ち下がり（"H"から"L"への変化）での割り込み設定を行います。また，RTCのCLKの周波数を1Hzに設定することにより1秒ごとの信号が出力され，割り込みとして使用します。

・main

　初期設定処理initをコールし，エラーの場合はプログラムを終了します。そして，RTCから時刻情報を読み込み，RTCのバックアップ電源がオフとなったときは，時刻設定を促す関数power_off_msgをコールします。そのあとは，adj_time（時刻調整）とdisp（表示の関数）のコールするループを実行します。このループを抜け出しOS（オペレーティングシステム）に戻りたいときは，GPIO23をGNDと接続すると時計機能は停止し，全ての表示を消去してOSに戻りますが，本機では停止用スイッチは付けていませんので，ジャンプワイヤーなどで接続してください。

▶ リアルタイムクロック IC を使用したデジタル時計のプログラムリスト

```c
//****************************************************************************
//** Program Name : rtc.c
//** Description  : RTC-8564NB を使用したデジタル時計
//** Include file : wiringPi.h wiringPiI2C.h
//** Compile      : cc -o rtc rtc.c -lwiringPi
//****************************************************************************
#include <wiringPi.h>          // wiringPi のヘッダーファイルをインクルード
#include <wiringPiI2C.h>       // wiringPi の I2C ヘッダーファイルをインクルード
#include <stdio.h>
#define off              1
#define on               0
#define a                27    // a セグメントの GPIO
#define b                17    // b セグメントの GPIO
#define c                13    // c セグメントの GPIO
#define d                26    // d セグメントの GPIO
#define e                10    // e セグメントの GPIO
#define f                4     // f セグメントの GPIO
#define g                6     // g セグメントの GPIO
#define dp               19    // dp セグメントの GPIO
#define interrupt_pin    21
#define adrs_RTC8564     0x51  // RTC-8564NB のアドレス
#define SECOND           0x02  // 秒レジスターのアドレス
#define MINUTE           0x03  // 分レジスターのアドレス
#define HOUR             0x04  // 時レジスターのアドレス
#define CLKOUT           0x0d  // クロックレジスターのアドレス
#define hour_adj_sw      7     // 時調整スイッチの GPIO
#define minute_adj_sw    8     // 分調整スイッチの GPIO
#define time_set_sw      24    // 時刻設定スイッチの GPIO
#define stop_pin         23    // 停止ピンの GPIO
char digit_port[4] = {22,9,11,5} ;   // デジット選択の GPIO デジット 4,3,2,1 の順
char seg_data[11][9] = {             // 7 セグメント表示器セグメントデータ
            { a,b,c,d,e,f,0,0,0},    // 0
            { b,c,0,0,0,0,0,0,0},    // 1
            { a,b,d,e,g,0,0,0,0},    // 2
            { a,b,c,d,g,0,0,0,0},    // 3
            { b,c,f,g,0,0,0,0,0},    // 4
            { a,c,d,f,g,0,0,0,0},    // 5
            { a,c,d,e,f,g,0,0,0},    // 6
            { a,b,c,f,0,0,0,0,0},    // 7
            { a,b,c,d,e,f,g,0,0},    // 8
            { a,b,c,d,f,g,0,0,0},    // 9
            {dp,0,0,0,0,0,0,0,0}} ;  // dp
char second ;                        // 秒
char minute ;                        // 分
char hour ;                          // 時
char flag = 1 ;
int fd;                              // RTC-8564NB のファイルディスクリプター
int count = 0 ;

//*************************************************************
// バイナリーから BCD への変換
//*************************************************************
int conv_bcd(int dt) {
```

```c
        return (((dt / 10) << 4) | (dt % 10));    // dtを10で割り，左へ4ビットシフトした
                                                  // ものと余りのOR
}

//************************************************************
// BCDからバイナリーへの変換
//************************************************************
int conv_decimal(int dt) {
    return ((dt >> 4) * 10 + (dt & 0x0f));    // dtを右に4ビットシフトしたものと下位
                                              // 4ビットのOR
}

//************************************************************
// RTC-8564NBへ時分秒を書込み
//************************************************************
void set_time(){
        wiringPiI2CWriteReg8(fd,HOUR,conv_bcd(hour)) ;       // 時を書き込む
        wiringPiI2CWriteReg8(fd,MINUTE,conv_bcd(minute)) ;   // 分を書き込む
        wiringPiI2CWriteReg8(fd,SECOND,0) ;                  // 秒を書き込む
        flag = 1 ;
}

//************************************************************
// RTC-8564NBから時分秒を読み込み
//************************************************************
int get_time(){
        if((wiringPiI2CReadReg8(fd, SECOND) & 0x80) != 0)    // VL=1 power down
                return(-1) ;
        hour = conv_decimal(wiringPiI2CReadReg8(fd, HOUR) & 0x3f) ;
                                                             // 時を読み込み
        minute = conv_decimal(wiringPiI2CReadReg8(fd, MINUTE) & 0x7f) ;
                                                             // 分を読み込み
        second = conv_decimal(wiringPiI2CReadReg8(fd, SECOND) & 0X7f) ;
                                                             // 秒を読み込み
                            return(0) ;
}

//************************************************************
// RTC-8564NBの1PPS信号による割り込み処理
//************************************************************
void interrupt(){
        if(flag)
                get_time() ;
        count=0 ;
}

//************************************************************
// 全ての表示を消去
//************************************************************
void erase_led(){
        int  i ;
        for(i=0; i<4; i++)              // 各デジットのGPIOに"H"を出力
                digitalWrite(digit_port[i],off) ;
        for(i=0; i<7; i++)              // 全てのセグメントのGPIOに"H"を出力
```

```c
                        digitalWrite(seg_data[8][i],off) ;
                digitalWrite(dp,off) ;            // dp の GPIO に "H" を出力
}

//*****************************************************************
// 7セグメント表示器に数字を表示
//*****************************************************************
void disp_dt(char digit,char time_dt){
        int i = 0 ;
        erase_led() ;                      // 全ての表示を消去
        digitalWrite(digit_port[digit],on) ;   // 引数で渡されたデジットの GPIO に
                                               //   "L" を出力
        while(seg_data[time_dt][i] != 0)    // セグメントデータが0になるまで繰り返す
                digitalWrite(seg_data[time_dt][i++],on) ;
                                            // 該当するセグメントデータのGPIOに"L"を出力
        if(count <= 65 && digit_port[digit] == digit_port[second/15])
                                            // 秒の値により dp の点滅位置を決める
                digitalWrite(dp,on) ;       // dp の GPIO に "L" を出力。dp が点灯
        else
                digitalWrite(dp,off) ;      // dp の GPIO に "H" を出力。dp が消灯
        delay(2) ;                          // 2 ミリ秒休止
}

//*****************************************************************
// 分時によりデジット位置を決める
//*****************************************************************
void disp(){
        disp_dt(0,minute % 10);     // 分を 10 で割り，余りをデジット 4 へ
        disp_dt(1,minute / 10) ;    // 分を 10 で割り，商をデジット 3 へ
        disp_dt(2,hour % 10) ;      // 時を 10 で割り，余りをデジット 2 へ
        disp_dt(3,hour / 10) ;      // 時を 10 で割り，商をデジット 1 へ
        count++ ;
}

//*****************************************************************
// 時刻調整
//*****************************************************************
void adj_time(){
        if(digitalRead(hour_adj_sw) == on){     // 時調整スイッチが押されたか
                flag = 0;
                if(count >= 50){                // 50 回表示したら時を進める
                        count = 0 ;
                        hour ++ ;               // 時を +1 する
                        if(hour >= 24)          // 24 を超えたら 0 とする
                                hour = 0 ;
                }
        }
        if(digitalRead(minute_adj_sw) == on){   // 分調整スイッチが押されたか
                flag = 0;
                if(count >= 50){                // 50 回表示したら分を進める
                        count = 0 ;
                        minute ++ ;             // 分を +1 する
                        if(minute >= 60)        // 60 を超えたら 0 とする
                                minute = 0 ;
```

```c
                }
            }
            if(digitalRead(time_set_sw) == on){      // 時刻設定スイッチが押されたか
                set_time() ;                          // 時刻をRTC-8564NBへ書き込む
                flag = 1 ;
            }
}

//*********************************************************************
// RTC-8564NBのバックアップ電源がオフとなったときの表示
//*********************************************************************
void power_off_msg(){
        int i ;
        while((digitalRead(hour_adj_sw) != on) &&
                    (digitalRead(minute_adj_sw)) != on){
                for(i=0; i<4; i++){      // 時調整と分調整スイッチが押されるまで繰り返す
                    erase_led() ;                    // 全ての表示を消去する
                        digitalWrite(digit_port[i],on) ;
                                                     //i番目のデジットのGPIOに"L"を出力
                        digitalWrite(g,on) ;         // gセグメントのGPIOに"L"を出力
                        delay(2) ;                   // 2ミリ秒休止
                }
        }
}

//*********************************************************************
// 初期化
//*********************************************************************
int init(){
        int i ;
        if(wiringPiSetupGpio() == -1)                // GPIOのセットアップ
                return(-1) ;                         // エラーのときは-1を返す
        fd = wiringPiI2CSetup(adrs_RTC8564);         // RTC-8564NBをオープンし，ファイ
                                                     // ルディスクリプターを取得
        if(fd < 0)                                   // fdがマイナスなら-1を返す
                return(-1) ;
        pinMode(interrupt_pin,INPUT) ;               // 割り込みのGPIOを入力に設定
        pullUpDnControl(interrupt_pin,PUD_UP);       // プルアップ
        wiringPiISR(interrupt_pin,INT_EDGE_FALLING,(void*)interrupt) ;
                                                     // 入力信号の立ち下がりで割り込み設定
                                                     // 割り込み発生でinterrup関数をコールするよう設定
        waitForInterrupt(interrupt_pin,2000) ;       // 割り込み猶予時間を2秒に設定
        pinMode(hour_adj_sw,INPUT) ;                 // 時調整スイッチのGPIOを入力に設定
        pinMode(minute_adj_sw,INPUT) ;               // 分調整スイッチのGPIOを入力に設定
        pinMode(time_set_sw,INPUT) ;                 // 時刻設定スイッチのGPIOを入力に設定
        pullUpDnControl(hour_adj_sw,PUD_UP);         // プルアップ
        pullUpDnControl(minute_adj_sw,PUD_UP);       // プルアップ
        pullUpDnControl(time_set_sw,PUD_UP);         // プルアップ
        pinMode(stop_pin,INPUT) ;                    // ストップピンのGPIOを入力に設定
        pullUpDnControl(stop_pin,PUD_UP);            // プルアップ
        for(i = 0 ; i <= 3 ; i++)
                pinMode(digit_port[i],OUTPUT) ;      // デジットのGPIOを出力に設定
        for(i = 0 ; i <= 6 ; ++)
                pinMode(seg_data[8][i], OUTPUT);     // セグメントのGPIOを出力に設定
```

```
            pinMode(dp,OUTPUT) ;              // dp の GPIO を出力に設定
            wiringPiI2CWriteReg8(fd,CLKOUT,0x83) ;   // RTC-8564NB のクロック出力周
                                                    波数を 1Hz に設定
      return(1) ;
}

//*****************************************************************
// メイン
//*****************************************************************
int main(void) {
      if (init() == -1)       // 初期化処理をコールし戻り値が−1のときはプログラム終了
            return(1) ;
      if(get_time() == -1)    // 現在時刻を求め，戻り値が−1のときはバックアップ電源オフ
            power_off_msg() ;  // バックアップ電源がオフとなった表示関数をコール
      while(digitalRead(stop_pin) ! = on){ // ストップピンが"L"となるまで繰り返す
            adj_time() ;        // 時刻調整関数をコール
            disp() ;            // 表示関数をコール
      }
      erase_led() ;             // 全ての表示を消去
      return(1) ;
}
```

コラム ： return に ( ) を付けるか付けないか

　関数から元の関数に戻る際に，戻り値をともなって return するとき，戻り値に（ ）カッコを付けているものと，付けていないものがありますが，これはいったい何を意味するのでしょうか。結論は，どちらでも結果は同じということです。

　関数をコールするときは，必ず（ ）をともなっていて，引数はこのカッコでくくられますが，return の場合は，コンパイラーはカッコがあってもなくてもエラーとせず，きちっと戻り値の対応をしてくれます。

　いずれにしても付けたり，付けなかったりとせずに統一することが大事です。

・カッコを付けない派
　return は関数の引数ではないので，カッコを付けない。

・カッコを付ける派
　return(1) とすることで，明確に戻り値が 1 であることを示す意味と return x+y+z とした場合は，x+y+z が戻り値なのか不明確になるためにカッコを付ける意味があるようです。

　特に次の例のように関数をコールし，その結果を直接戻り値とするときはカッコがあると明確ですね。return int add(a,b,c) ; とするよりは，return(int add(a,b,c)) ; のほうが戻り値の存在がはっきりとわかります。本書ではこのような意味から return にカッコを付けています。

1-3 GPS時計

小型のGPS受信モジュールを使用し，GPSからの時刻情報を受信して時，分，秒を表示する正確な時計を製作します。

1-3-1　機　能

GPS受信モジュールからは，NMEA[※]の定めるNMEA 0183と呼ばれるフォーマットで文字列の信号がシリアルで出力されます。この中には位置情報（緯度，経度，高度），年月日，時刻情報，捕捉している衛星の数など多くの情報が含まれていますが，本機はこの中から時刻情報の時，分，秒を抽出し，6桁の7セグメント表示器に表示するものです。

※ National Marine Electronic Association，全米海洋電子機器協会

本機には時間調整用のスイッチなどはありませんので，GPSの信号が受信できれば正確な時刻を表示することができます。大型の7セグメント表示器や「3-1 ビンゴゲーム番号発生機」の表示部分のようなものを使用すれば，遠くまではっきりと見える実用的な時計となります。

1-3-2　回　路

本機の回路図を図1-3-1に，また使用部品を表1-3-1に示します。本機で使用したGPS受信モジュールは太陽誘電製で，各種情報を9600 bps[※]の通信速度でシリアル信号により出力します。このモジュールを使用した秋月電子通商のGPS受信機キットは，小型のプリント基板に受信モジュールやICなどがすでに実装済みとなっていますが，バックアップ用の電池ホルダーとRaspberry Piとの接続用のピンをハンダ付けする必要があります。

※ bit per second

電源電圧はRaspberry Piから5 Vを供給しますが，モジュールには3.3 Vの定電圧ICが内蔵されているため，信号出力は0と3.3 Vですので，そのままRaspberry PiのUART[※]のGPIO15に接続することができます。ただし，Raspberry Piのシリアルポートは，初期状態ではコンソール用として設定されていますので，ユーザーが開発したプログラムで使用するためには，これを変更する必要があります。コンソール用とは，シリアル通信でコンピューターと会話し，コマンドを入力したり，デバッグしたりするもので，今のようにディスプレイのない時代は，テレタイプ[※]を接いでプログラム開発などを行っていました。UARTをユー

※ Universal Asynchronous Receiver Transmitter

※ 印刷電信機。電動機械式のタイプライター。

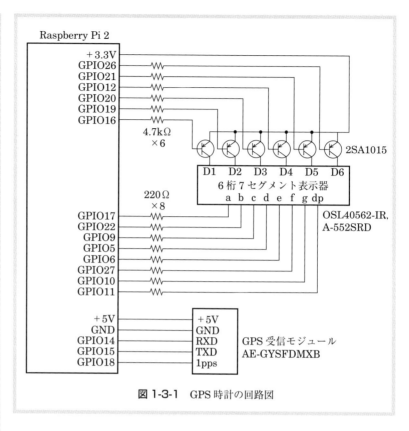

図 1-3-1　GPS 時計の回路図

表 1-3-1　使用部品表

部品名	規　格	数　量	備　考
ラズベリーパイ本体	Raspberry Pi 2	1	秋月電子通商
ブレッドボード接続キット	ラズベリーパイ B+/A+用 AE-RBPi-BOB40KIT	1	〃
AC 電源アダプター	5V 2A, AD-B50P200	1	〃
GPS 受信機キット	AE-GYSFDMXB	1	〃
ブレッドボード	サンハヤト SAD-101	3	千石電商
7 セグメント表示器 4 桁ダイナミック表示用	OSL40562-IR	1	秋月電子通商
〃　2 桁	A-552SRD	1	〃
トランジスター	2SA1015	6	〃
抵抗	220Ω 1/4W	8	〃
〃	4.7kΩ 1/4W	6	〃
リチウム電池（GPS キットに含まれている）	CR2032	1	〃
ピンソケット	40P	1	〃（5P に分割）
〃	40P	1	〃（5P に分割）
フラットケーブル	5 芯	必要長	GPS 受信モジュール接続用
配線材料	0.26 mm 細線	1m	7 セグメント表示器用
ジャンプワイヤー	サンハヤト SKS-390	一式	千石電商

ザーから使用できるようにする変更方法は，テキストエディター（nano）で /boot/cmdline.txt のファイルを開き，次のテキストの下線部分（console=ttyAMA0, 11522）を削除してからこのファイルを保存して再起動します。nano の使い方は，コラム（p.85）を参照してください。

コマンドは，ターミナルウインドウを開き $sudo nano /boot/cmdline.txt です。

/boot/cmdline.txt の中身
dwc_otg.lpm_enable=0 <u>console=ttyAMA0,11522</u> console=tty1 root=/dev/mmcblk0p7 rootfstype=ext4 elevator=deadline fsck.repair=yes rootwait

nano でオープンした cmdline.txt の画面を画面 1-3-1 に示します。

画面 1-3-1　nano でオープンした cmdline.txt（実際には，白の下線はありません）

表示部は，時，分，秒のそれぞれ2桁を使用しますので，全部で6桁の7セグメント表示器が必要ですが，このようなダイナミック点灯方式のものはありませんので，2桁のものと4桁のものを接続して6桁のものを作りました。使用したものは赤色のアノードコモン型のダイナミック点灯方式で，ある瞬間は一つの桁のみが点灯するのですが，赤色のものは全てのセグメントと dp[※]が点灯したときの電流が Raspberry Pi の GPIO の電流許容値（8 mA）を超える可能性がありますので，アノードを GPIO に直接接続することはできません。このため，トランジスター 2SA1015 を使用し，ベースに 4.7 kΩ の抵抗を介して GPIO と接続しています。ダイナミック点灯方式については，1-2 節を参照してく

※ decimal point

ださい。点灯のための制御は，全て Raspberry Pi のプログラムで行っています。

1-3-3 製 作

　最初に6桁の7セグメント表示器を作ります。分と秒を表示する4桁の表示部は内部で各セグメントが接続されているダイナミック点灯方式のものを使用し，これに時を表示する2桁を追加します。この2桁のものは各セグメント（a～gとdp）がそれぞれ独立になっているもので，同じセグメント同士を接ぎ，さらに4桁の同じセグメントに接続します。つまりaセグメントはaセグメント同士を接ぎ，これをa～gまでとdpを細い線で接続すると，6桁のダイナミック点灯方式の7セグメント表示器が出来上がります。6桁にするときの配線図を図1-3-2に，仕上がり裏側の様子を写真1-3-1に示します。

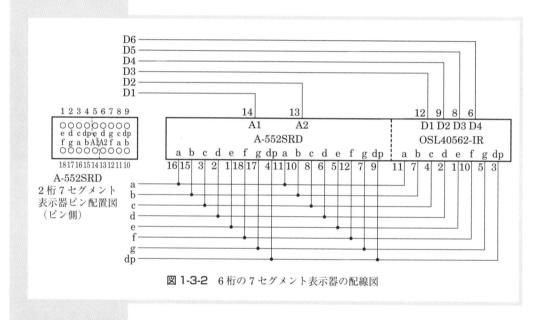

図 1-3-2　6桁の7セグメント表示器の配線図

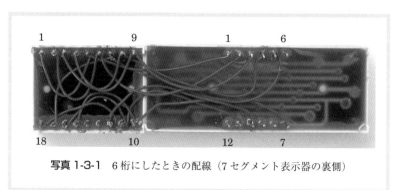

写真 1-3-1　6桁にしたときの配線（7セグメント表示器の裏側）

各桁のアノードは2SA1015のコレクターに接続し，このトランジスターのベースに4.7kΩの抵抗を接いでRaspberry PiのGPIOに接続します。ブレッドボードの配線は6桁のため複雑となっており，特に7セグメント表示器の下には裸線で作ったジャンプワイヤーが8本あり，実装面からは見えませんので写真1-3-2と図1-3-3を参照して配線してください。裸線を使用したのは，この上に7セグメント表示器を挿入するためジャンプワイヤーの高さを低くするためです。

　GPS受信モジュール（写真1-3-3）との接続は，電源，GND，受信線（RXD※），送信線（TXD※）と1ppsの5本線で，適当な多芯のフラッ

※ Recieved eXchange Data（データ受信）
※ Transmit eXchange Data（データ送信）

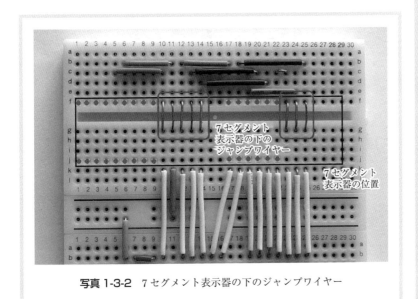

写真1-3-2 7セグメント表示器の下のジャンプワイヤー

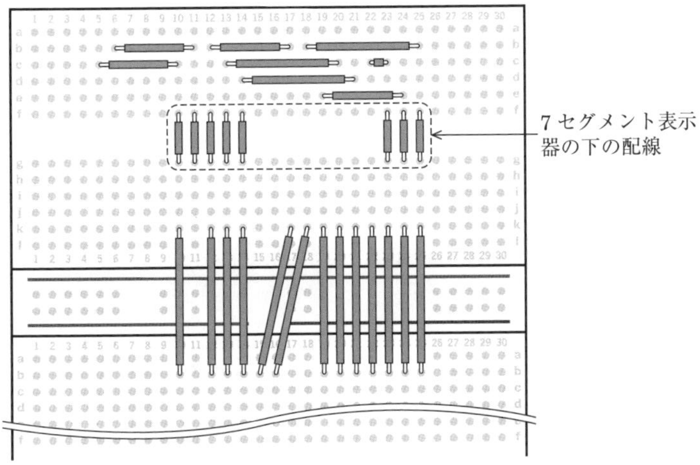

図1-3-3 7セグメント表示器の下のジャンプワイヤー

トケーブルを5本線に裂いたものを5Pのピンソケットにハンダ付けし，GPS受信モジュールの付属コネクターの線と接続して，ほかの端はブレッドボードに挿せるようにオスの5Pのピンヘッダーをハンダ付けします。ただし，本機では受信線（RXD）は使用していません。図1-3-4と図1-3-5と写真1-3-4，写真1-3-5および図1-3-6を参照し，製作してください。ケーブル長（写真1-3-4）は，ブレッドボードとの距離に応じて決めてください。GPS受信モジュールは，衛星が見通し内に入るよう，なるべく窓際に設置してください。

なお，本機の7セグメント表示器部分は，2-2節の気圧計の表示器と共通で，気圧計センサーを使用するか，GPS受信モジュールを使用するかで使い分けています。

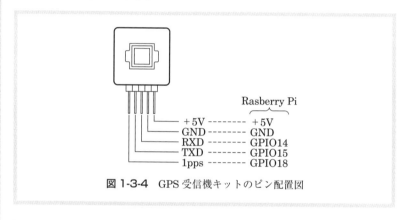

図1-3-4 GPS受信機キットのピン配置図

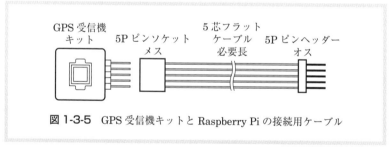

図1-3-5 GPS受信機キットとRaspberry Piの接続用ケーブル

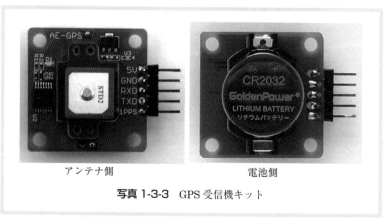

写真1-3-3 GPS受信機キット

写真 1-3-4 接続用ケーブル

表示中の例
(13 時 31 分 20 秒)

写真 1-3-5 GPS 時計のブレッドボード

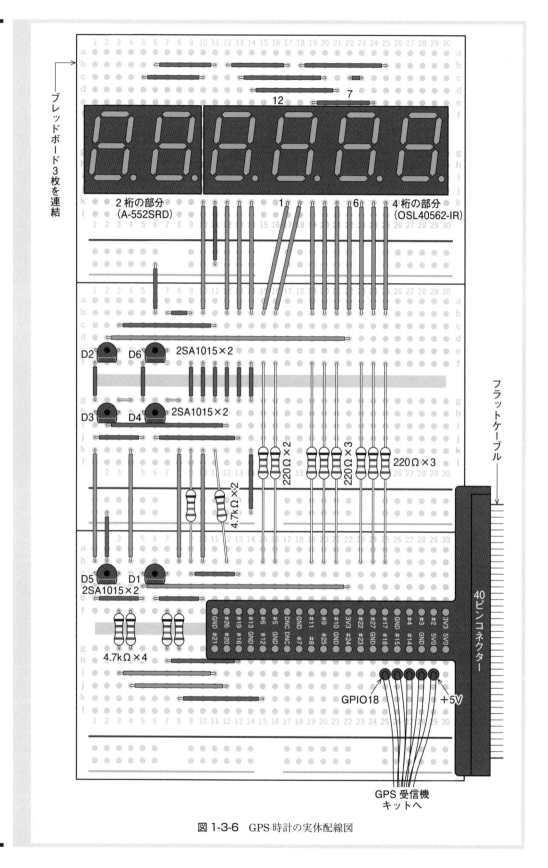

図 1-3-6　GPS 時計の実体配線図

1-3-4 プログラム

GPS 受信モジュールから 1 秒ごとの信号（1 pps）の立ち下がりで割り込みが発生し，この信号を基準として内部で時計機能を構成しています。GPS からの毎分（秒が 0 のとき）の時刻情報で，内部の時計を同期する方式を採用しています。

・conv_hextobin

ポインターで渡された引数の 16 進数をバイナリー値へ変換します。

・get_gps

NMEA フォーマットと呼ばれる形式で，GPS 受信モジュールからセンテンスの集合体として 1 秒ごとに出力されます。各センテンスの先頭は「$」で始まり，各項目はカンマ（,）で区切られています。時刻情報はいくつかのセンテンスに含まれていますが，本機は GPGGA センテンス※を使用します。先頭の「$」の後の GPGGA を検出したら，カンマの次が時刻情報で時，分，秒を取り出します。

「*」を受信したら check_sum をコールします。このチェックサムは受信したデータに誤りがないか確認する方法で，そのリターン値が「1」なら正常に受信できたことになり，一時的に時，分，秒を保存します。リターン値が「-1」の場合は，そのデータは破棄します。

時刻情報は世界協定時（UTC）となっているため，これを日本標準時（JST）へ変換します。UTC＋9 が JST となり，この値が 24 を超えたら 24 を引き，翌日の 0 時とします。

GPS 受信モジュールの内部処理や伝送のために多少の時間を要するため，1 秒程度の遅延誤差が生じますので，本機は 1 秒を加算して補正しています。1 秒を加算することにより，秒が 60 となったときは，秒を 0 として分に 1 を加え，同様に分が 60 となったときは分を 0 とし，時に 1 を加えます。さらに，時が 24 を超えたときは，時を 0 とします。内部時計の秒が 0 のとき（毎分）に一時保存してある時，分，秒を内部時計に合わせます。

・check_sum

「$」を受信したら，その次のバイトから「*」の直前までの exclusive OR（排他的論理和）を取り，「*」の次のバイトと比較し一致していれば，「1」を，不一致の場合は「-1」を返します。

・conv_bin

ポインターで渡される引数 n，m を 10 進数へ変換しその値を返します。

・disp

表示するデジット番号（1～6）と表示する情報（0～9）が引数で渡され，該当するデジットに数字を表示します。時，分，秒の境を示すた

※センテンス例：$GPGGA,085220.207,3542.1483,N,13935.3894,E,1,08,1.0,6.8,M,34.8,M,,0000*-E

め，時，分（デジット 2 と 4）の 1 位の dp を点灯させています。

・erase_led

全てのデジットを消灯します。

・init

シリアルポートを 9600 bps でオープンし，7 セグメント表示器のデジットとセグメントの GPIO を全て出力に設定します。GPS 受信モジュールからの 1 pps の信号は GPIO18 に接続しますので，これが立ち下がりで割り込みが発生し，get_gps を実行するよう割り込みの設定を行います。

・main

wiringPiSetupGpio で GPIO を使用できるようにし，init 関数をコール後，時，分，秒の表示処理をコールします。時を 10 で割り，商をデジット 1 に，余りをデジット 2 に，分を 10 で割り，商をデジット 3 に，余りをデジット 4 に，秒を 10 で割り，商をデジット 5 に，余りをデジット 6 に表示します。この処理を繰り返し実行しますが，何らかの理由で OS に戻りたいときは，GPIO23 を GND と接続することにより，このループを抜け出し，プログラムを終了します。特にここには停止用スイッチは付けていませんので，必要なときにジャンプワイヤーなどで GND と接続してください。

▶ GPS 時計のプログラムリスト

```c
//********************************************************************************
//** Program Name : gps.c
//** Description  : GPS モジュールを使用した GPS 時計
//** Include file : wiringPi.h wiringSerial.h string.h
//** Compile      : cc -o gps gps.c -lwiringPi
//********************************************************************************
#include <wiringPi.h>          // wiringPi のヘッダーファイルをインクルード
#include <wiringSerial.h>      // wiringSerial のヘッダーファイルをインクルード
#include <string.h>
#define on              0
#define off             1
#define a               17          // a セグメントの GPIO
#define b               22          // b セグメントの GPIO
#define c               9           // c セグメントの GPIO
#define d               5           // d セグメントの GPIO
#define e               6           // e セグメントの GPIO
#define f               27          // f セグメントの GPIO
#define g               10          // g セグメントの GPIO
#define dp              11          // dp セグメントの GPIO
#define stop_pin        23          // 停止ピンの GPIO
#define interrupt_pin   18          // 割り込みの GPIO
char digit_port[6] = {26,21,12,20,19,16} ;   // デジット選択の GPIO デジット 6, 5, 4,
                                             // 3, 2, 1 の順
```

```c
char seg_dt[11][9] = {                    // 7セグメント表示器セグメントデータ
            { a,b,c,d,e,f,0,0,0},         // 0
            { b,c,0,0,0,0,0,0,0},         // 1
            { a,b,d,e,g,0,0,0,0},         // 2
            { a,b,c,d,g,0,0,0,0},         // 3
            { b,c,f,g,0,0,0,0,0},         // 4
            { a,c,d,f,g,0,0,0,0},         // 5
            { a,c,d,e,f,g,0,0,0},         // 6
            { a,b,c,f,0,0,0,0,0},         // 7
            { a,b,c,d,e,f,g,0,0},         // 8
            { a,b,c,d,f,g,0,0,0},         // 9
            {dp,0,0,0,0,0,0,0,0}} ;       // dp
int fd ;                                   // UARTのファイルディスクリプター
char hour = 99 ;
char minute = 0 ;
char second = 0 ;

//*********************************************************************
// 全ての表示を消去
//*********************************************************************
void erase_led(){
        int i ;
        for (i=0; i<=5; i++)              // 各デジットのGPIOに"H"を出力
                digitalWrite(digit_port[i],off) ;
        for(i=0; i<=6; i++)               // 全てのセグメントのGPIOに"H"を出力
                digitalWrite(seg_dt[8][i],off) ;
        digitalWrite(dp,off) ;            // dpのGPIOに"H"を出力
}

//*********************************************************************
// 7セグメント表示器に数字を表示
//*********************************************************************
void disp_dt(char digit,char disp_data){
        int i =  0 ;
        erase_led() ;                     // 全ての表示を消去
        digitalWrite(digit_port[digit],on) ;   // 引数で渡されたデジットのGPIOに
                                               // "L"を出力
        while(seg_dt[disp_data][i] != 0){ // セグメントデータが0になるまで繰り返す
                digitalWrite(seg_dt[disp_data][i++],on);
                                          // 該当するセグメントデータのGPIOに"L"を出力
                if(digit == 2 || digit == 4)
                        digitalWrite(dp,on) ;  // デジット2と4の位置のdpを点灯
        }
        delay(1) ;                        // 1ミリ秒休止
}

//*********************************************************************
// 分時によりデジット位置を決める
//*********************************************************************
void disp(){
        disp_dt(0,second % 10) ;          // 秒を10で割り，余りをデジット6へ
        disp_dt(1,second / 10) ;          // 秒時を10で割り，商をデジット5へ
        disp_dt(2,minute % 10) ;          // 分を10で割り，余りをデジット4へ
        disp_dt(3,minute / 10) ;          // 分を10で割り，商をデジット3へ
```

```c
                disp_dt(4,hour % 10) ;           // 時を10で割り，余りをデジット2へ
                disp_dt(5,hour / 10) ;           // 時を10で割り，商をデジット1へ
}

//*****************************************************************
// GPS受信モジュールからの信号を識別し，時分秒を取得
//*****************************************************************
void get_gps(){
        char get_dt[1000] ;
        int i ;
        int m ;
        int n ;
        char temp_hour ;
        char temp_minute ;
        char temp_second ;
        int save_dt_length ;
        second++ ;                               // 秒を+1
        if(second >= 60){                        // 秒は60を超えたか
                second = 0;                      // 超えたときは秒を0
                minute++ ;                       // 分を+1
                if(minute >= 60){                // 分は60を超えたか
                        minute = 0 ;             // 超えたときは分を0
                        hour++ ;                 // 時を+1
                        if(hour >= 24)           // 時は24を超えたか
                                hour=0 ;         // 超えたときは時を0
                }
        }
        i = serialDataAvail(fd) ;                // 受信バッファーのデータ数を取得
        save_dt_length = i ;                     // 受信データ数を保存
        n=0 ;
        while(i--)                               // 受信データ数だけシリアルポートから読み込み
                get_dt[n++] = serialGetchar(fd) ;
        n=0 ;
        while(1){                // 受信したデータをチェックし，GPGGAの時刻データを抽出
                if(n == save_dt_length)
                        break ;
                if(get_dt[n++] == '$'){         // 先頭文字が"$"か
                        if(strncmp(&get_dt[n],"GPGGA",4) == 0){
                                               // "$"だったら，次の4文字が"GPGGA"か
                                m = n ;
                                if(check_sum(&get_dt[n])){
                                        // チェックサムが一致したか
                                        // チェックサムが一致したので時刻データの取得
                                        temp_hour = conv_bin(&get_
                                        dt[n+6],&get_dt[n+7]);
                                                        // 時のデータを取得
                                        temp_hour = temp_hour + 9 ;
                                                        // UTCからJSTへ変換
                                        if(temp_hour >= 24) // 時が24を超えたか
                                        temp_hour = temp_hour - 24 ;
                                                        // 超えたら-24
                                        temp_minute = conv_bin(&get_
                                        dt[n+8],&get_dt[n+9]) ;
                                                        // 分のデータを取得
```

```c
                                        temp_second = conv_bin(&get_
                                        dt[n+10],&get_dt[n+11]) ;
                                                        // 秒のデータを取得
                                        if(temp_second == 0 || hour >= 99){
                                                        // 起動時と毎分内部時計と同期
                                            hour = temp_hour ;
                                            minute = temp_minute ;
                                            second = temp_second +1 ;
                                        }
                                        break ;
                                    }
                                }
                            }
                        }
}

//*******************************************************************
// 16進数の2バイトをバイナリー値へ変換
//*******************************************************************
int conv_bin(char *n,char *m){
        return((*n & 0x0f)*10 + (*m & 0x0f)) ;
}

//*******************************************************************
// チェックサム処理
//*******************************************************************
int check_sum(char *t){
        char sum = 0 ;
        char check_sum ;
        int i = 0 ;
        while(t[i]!='*'){                   // 受信データが"*"になるまで繰り返し
            sum = sum ^ t[i++] ;            // 受信したデータと排他的論理和を取る
            if(t[i] == '$')
                    return(-1) ;
        }
        check_sum = (conv_hextobin(&t[i+1]) << 4) + conv_hextobin(&t[i+2]) ;
                                            // 受信データのチェックサムをバイナリー値へ変換
        if(sum == check_sum)                // チェックサムは合致しているか
                return(1) ;                 // 合致したら1を返す
            else
                return(-1) ;                // 合致しなかったら−1を返す
}

//*******************************************************************
// 16進数の1バイトをバイナリー値へ変換
//*******************************************************************
int conv_hextobin(char *n){
        if(*n >= 0x30 && *n<=0x39)          // 0x30と0x39の間か
                return(*n - 0x30) ;         // 0x30を引く
        if(*n>=0x41 && *n<=0x46)            // 0x41と0x46の間か
                return(*n - 0x37) ;         // 0x37を引く
            else
                return(-1) ;                // 16進数の範囲外 −1を返す
}
```

```c
//*************************************************************
// 初期化
//*************************************************************
int init(){
        int i ;
        if(wiringPiSetupGpio() == -1)    // GPIO のセットアップ
                return(-1);              // エラーのときは-1を返す
        fd=serialOpen("/dev/ttyAMA0",9600) ;  // 通信ポートを 9600bps でオープンし
                                              // ファイルディスクリプターを取得
        if(fd < 0)                       // ファイルディスクリプターが負ならエラー
                return(-1) ;             // -1を返す
        for(i=0; i<=5; i++)
                pinMode(digit_port[i],OUTPUT) ; // デジットの GPIO を出力に設定
        for(i=0; i<=6; i++)
                pinMode(seg_dt[8][i],OUTPUT) ;  // セグメントの GPIO を出力に設定
        pinMode(dp,OUTPUT) ;                    // dp の GPIO を出力に設定
        pinMode(interrupt_pin,INPUT) ;          // 割り込みの GPIO を入力に設定
        pullUpDnControl(interrupt_pin,PUD_UP);  // プルアップ
        wiringPiISR(interrupt_pin,INT_EDGE_FALLING,(void*)get_gps) ;
                                                // 入力信号の立ち下がりで割り込み設定
        waitForInterrupt(interrupt_pin,2000) ;  // 割り込み猶予時間を 2 秒に設定
        pinMode(stop_pin,INPUT) ;               // ストップピンの GPIO を入力に設定
        pullUpDnControl(stop_pin,PUD_UP);       // プルアップ
        return(1) ;
}

//*************************************************************
// メイン
//*************************************************************
int main(void){
        if (init() == -1)           // 初期化処理をコールし戻り値が-1のときはプログラム終了
                return(1) ;
        erase_led() ;                         // 全ての表示を消去
        while(digitalRead(stop_pin) != 0)     // ストップピンが"L"になるまで繰り返す
                disp() ;                      // 表示関数をコール
        serialClose(fd) ;                     // シリアルポートをクローズ
        erase_led() ;                         // 全ての表示を消去
        return(1) ;
}
```

コラム ： テキストエディター「nano」

　Unix や Linux などのテキストエディターとしては，Vi がメジャーですが，Raspberry Pi では，nano や leafpad が標準装備されています。nano はコマンドラインから起動するもので，起動すると画面の下に操作コマンドの表示が出ますので，このコマンドを使用することにより，いろいろな操作ができます。次の画面は，/boot/cmdline.txt を開いたときのものです。

　なお，通常のユーザーでは，書き込み権限がありませんので，スーパーユーザー (sudo) でオープンする必要があります。コマンドは次のとおりです。

　$sudo nano /boot/cmdline.txt

　よく使うコマンドとしては，次のものがあります。

Ctrl O　Write Out　ファイルの書き込み
Ctrl R　Read File　ファイルの読み込み
Ctrl K　Cut Text　カーソルでカットとしたテキストの先頭を選択し，→キーでカットする部分を反転表示させる。
Ctrl U　UnCut Text　ペーストバッファーに格納されたテキストをカーソルの位置に貼り付ける
Ctrl X　Exit　nano の終了

　エディット中のファイルを保存するか否かが表示 (Save modified buffer(ANSWERING "No" WILL DESTROY CHANGES)? されるので，保存するときは「Y」を，保存しないで終了のときは「N」を入力する。nano のエディターに戻るときは Ctrl C を入力する。

1-4 しゃべる時計

時刻情報を音声で知らせたり，アラームを設定してアラーム時間になると音声で知らせたりする機能を持った時計を製作します．しゃべる時計のため，時刻情報を表示する部分はありません．時計部分は，1-2 節のリアルタイムクロック IC（RTC-8564NB）を使用した時計のモジュールを使用し，音声部分はワンチップ音声合成 IC（ATP 3011F4）を使用します．

1-4-1 音声合成 IC について

本機で使用している音声合成 IC の ATP3011F4 は，マイクロコントローラーの AVR（ATmega328P）に音声合成エンジンを搭載したもので，ホスト側（Raspberry Pi）からローマ字で構成する文章（文字列）を送信することで発声するものです．この IC は，落ち着いた女性の音声（ATP3012FS）や，かわいい女性の音声（ATP3011F4），男性の音声（ATP3011M6）などのいくつかのバリエーションがあり，また，動作に必要なクロックとして IC に内蔵されている RC（抵抗とコンデンサー）による発振器によるものや，外付け発振子によるものなどがあります．DIP パッケージの ATP3011F4-PU（以下，-PU を略）を写真 1-4-1 に，そのピン配置を図 1-4-1 に示します．

ホストとの通信インターフェイスは，シリアル通信（UART），I²C，SPI※の三つがあり，SMOD0 と SMOD1 の接続の仕方で選択することができます．選択方法は表 1-4-1 のとおりです．

本機は I²C インターフェイスにより Raspberry Pi と接続しています．なお，音声出力はそのままではスピーカーを鳴らせませんので，アンプで増幅する必要があります．

※シリアルペリフェラルインターフェイス．コンピューターで使われるデバイス同士を接続するバス．

表 1-4-1 ATP3011F4 の通信インターフェイス選択

インターフェイス	SMOD1	SMOD0
UART	H	H
I²C	H	L
SPI	L	H

写真 1-4-1　DIP 28 ピンの音声合成 IC ATP3011F4-PU

1	RESET	15	PMOD1
2	RXD	16	SS
3	TXD	17	MOSI
4	SMOD0	18	MISO
5	SMOD1	19	SCK
6	SLEEP	20	V_{CC}
7	V_{CC}	21	I.C
8	GND	22	GND
9	I.C	23	PC0
10	I.C	24	PC1
11	TEST	25	PC2
12	AOUT	26	PC3
13	PLAY	27	SDA
14	PMOD0	28	SCL

図 1-4-1　ATP3011F4-PU のピン配置図

1-4-2　回　路

　本機の回路図を図 1-4-2 に，使用部品表を表 1-4-2 に示します。時計部分は，1-2 節のリアルタイムクロックと同じもので，Raspberry Pi との接続は，I²C インターフェイスにより，ATP3011F4 の SDA※ と SCL※，そして電源（3.3 V）と GND の計 4 本の線で行います。I²C インターフェイスは，複数のデバイスを SDA と SCL に接続することができ，これを使用することで，回路もすっきりします。

　本機は RTC-8564NB と ATP3011F4 の二つのデバイスが I²C バス上に接続されています。時計部分の RTC-8564NB は，写真 1-4-2 に示すとおりブレッドボードに挿入できるように DIP 化されたモジュールです（図 1-4-3）。RTC8564NB は，本体の電源をオフにしても動作し続けるよう，3 V のリチウム電池（CR2032）でバックアップしています。このバックアップ電源が何らかの異常でオフとなると時刻情報が失われます。このようなときは「時刻情報がクリアされました。時刻を設定してください」と発声しますので，現在時刻を設定してください。

　本機は，時刻設定，アラーム時刻設定のために 4 桁のデジタルスイッチ（サムホイールスイッチ）を使用しています。このスイッチは，それ

※ SDA：シリアルデータライン
※ SCL：シリアルクロックライン

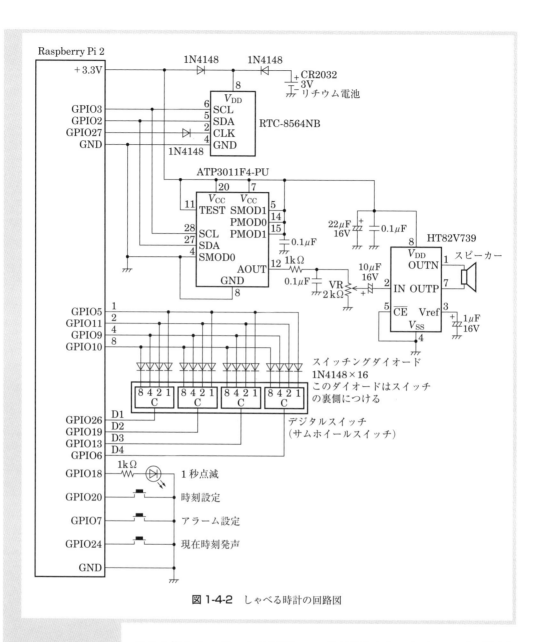

図 1-4-2 しゃべる時計の回路図

ぞれの桁から4ビットのBCDコードが出力され，C（コモン）端子を"L"とすることで任意の桁を選択することができます．4桁が並列に接続されますが，回り込みを防止するため，それぞれの出力は，スイッチングダイオードを接続しています．デジタルスイッチの出力には正論理と負論理のものがありますが，本機は正論理のものを使用しています．負論理のものを使用するときは，スイッチ情報を読み込んだ後に，その値を反転する必要があります．

本製作では手持ちにあったサムホイール式のデジタルスイッチを使いましたが，入手できないときは代わりに，ロータリー式のデジタルスイッチを使用することもできます．使用したデジタルスイッチを写真1-4-3

表 1-4-2　使用部品表

部品名	規　格	数量	備　考
ラズベリーパイ本体	Raspberry Pi 2	1	秋月電子通商
ブレッドボード接続キット	ラズベリーパイ B+/A+ 用 AE-RBPi-BOB40KIT	1	〃
AC 電源アダプター	5V 2A, AD-B50P200	1	〃
音声合成 IC	ATP3011F4-PU	1	〃
リアルタイムクロックモジュール	RTC-8564NB	1	〃
オーディオアンプ IC	HT82V739	1	〃
ブレッドボード	サンハヤト SAD-101	2	千石電商
デジタルスイッチ	BCD 正論理出力　4桁	1	本文参照
押しボタンスイッチ	タクトスイッチ，2本足のもの	3	秋月電子通商
スイッチングダイオード	1N4148	19	〃
LED	直径 5 mm　赤色	1	〃
ボリューム	2 kΩ	1	〃
セラミックコンデンサー	0.1 μF	3	〃
電解コンデンサー	22 μF 16 V	1	〃
〃	10 μF 16 V	1	〃
〃	1 μF 16 V	1	〃
抵抗	1 kΩ 1/4W	2	〃
スピーカー	直径 50 mm 8 Ω	1	〃
リチウム電池	CR2032	1	〃
電池ホルダー	CR2032 用　縦型	1	〃
フラットケーブル	8 芯	20 cm	デジタルスイッチ用
ジャンプワイヤー	サンハヤト SKS-390	一式	千石電商

写真 1-4-2　リアルタイムクロックモジュール RTC-8564NB

```
8 7 6 5
○ ○ ○ ○

○ ○ ○ ○
1 2 3 4
```

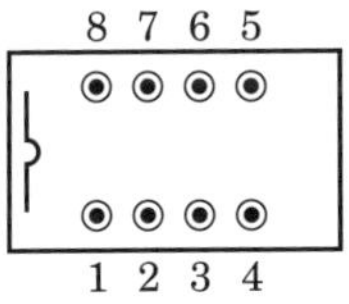

1	CLKOE	5	SDA
2	CLKOUT	6	SCL
3	INT	7	NC
4	V_{SS} (GND)	8	V_{DD}

図 1-4-3　RTC-8564NB のピン配置図

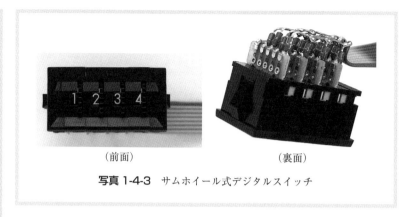

写真 1-4-3 サムホイール式デジタルスイッチ

に示します。

　ATP3011F4 の出力は，スピーカーを鳴らすほどのパワーはありませんので，ワンチップ製パワーアンプ IC の HT82V739（写真 1-4-4）を使用し，増幅します。この IC は外付け部品が少なく，高性能な IC です。ATP3011F4 からの音声出力は，簡単なフィルターを経由して 2 kΩ のボリュームで音量調整をして入力されます。一般的なオーディオアンプではスピーカーの片側は GND に接続しますが，このアンプは，OUTN（Negative）と OUTP（Positive）端子にスピーカーを接続する BTL（Bridged Transless）方式で，小型のアンプのわりには大きな出力が得られるのが特徴です。HT82V739 のピン配置図を図 1-4-4 に示します。

写真 1-4-4　オーディオ用のパワーアンプ IC　HT82V739

1	OUTN	5	CE
2	Aud in	6	NC
3	V_{REF}	7	OUTP
4	V_{SS}	8	V_{DD}

図 1-4-4　HT82V739 のピン配置図

本機は時刻の表示部分がないため正常に動作しているのかがわかりにくいため，1秒ごとに点滅するLEDを付け，これが点滅していれば正常に動作していることを確認できます。

時刻設定，現在時刻発声，アラーム設定のための押しボタンスイッチ（タクトスイッチ）が三つあり，その機能は次のとおりです。

・時刻設定

サムホイールスイッチの情報を読み込み，RTC-8564NBに現在時刻を設定するものです。

時刻情報が正常のときは「時刻を○○時○○分に設定しました」と発声し，時刻の範囲が正常でないときは「設定情報に誤りがあります」と発声しますので，正しい範囲の時刻を設定します。これは，時間の範囲が0〜23，分の範囲が0〜59までを正しい範囲としています。RTC-8564NBは年，月，日，時，分，秒，曜日などを扱えますが，本機では，時，分，秒のみを使用しているため，ほかの情報は設定しません。

・アラーム設定

アラームの時刻を設定するスイッチで，時刻情報が正常のときは「アラーム時刻を○○時○○分に設定しました」と発声し，時刻の範囲が正常でないときは「設定情報に誤りがあります」と発声しますので，正しい範囲のアラーム時刻を設定します。アラームを設定すると，デジタルスイッチから読み込んだ時と分の情報と現在時刻を比較し，合致したときに，「設定した時刻になりました」と3回発声します。なお，この時間が過ぎるとアラームの設定は解除されます。

・現在時刻発声

現在の時刻を「現在の時刻は○○時○○分です」と発声します。

1-4-3 製 作

ブレッドボードを2枚使用しており，その内の1枚はRaspberry Piとの接続用とオーディオアンプを実装し，ほかの1枚にはATP3011F4とRTC-8564NBを実装しています。

サムホイールスイッチの裏面にはスイッチングダイオードが16本接続されています。サムホイールスイッチの出力はBCDの4ビット（1, 2, 4, 8）があり，各桁の同じ出力（"1"の出力同士）をダイオードを介して接続します。4ビットの出力と四つのコモン端子の計8本の線はフラットケーブルでブレッドボードと接続します。この部分の製作は図1-4-5と写真1-4-3を参照してください。フラットケーブルの先端にはピンをハンダ付けして，ブレッドボードのポイントに挿し込めるようにしています。RTC-8564NBの電源の8番ピンは，Raspberry Piからの3.3 V

と，バックアップ用の電池から，それぞれスイッチングダイオードを通して接続されていますが，これは RTC-8564NB のモジュールに隠れて見えていません。このモジュールを外したときの様子を写真 1-4-5 に示します。配線は，回路図（図 1-4-2）と写真 1-4-6，および実体配線の図 1-4-6 を参照し，ジャンプワイヤーを挿入してください。

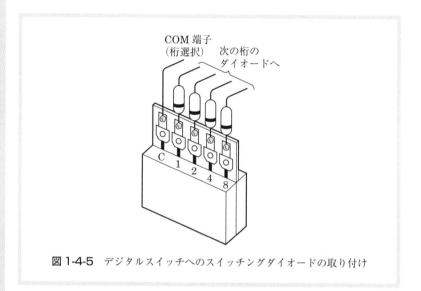

図 1-4-5 デジタルスイッチへのスイッチングダイオードの取り付け

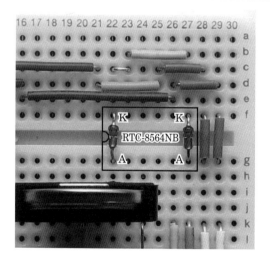

写真 1-4-5 RTC-8564NB を外したときの様子
（2 本のスイッチングダイオードがモジュールの下に実装されている）

写真 1-4-6 しゃべる時計のブレッドボード

1-4-4 プログラム

時計部分は，リアルタイムクロックIC を使用したデジタル時計とほとんど同一で，7セグメント表示器に代わって音声でお知らせする部分を加えたものです。インクルードファイルはwiringPi.h, wiringPiI2C.h, stdio.h, string.h です。プログラムの関数の機能は次のとおりです。

・conv_bcd

引数で渡されたバイナリー値を BCD コードへ変換します。

・conv_decimal

引数で渡された BCD コードをバイナリー値へ変換します。

・get_digital_sw

4桁のデジタルスイッチの情報を読み込み，引数で渡されたアドレスの場所へ格納します。

・talking

現在時刻のスイッチが押されると実行される割り込み処理で，現在時刻を発声する引数で talk を呼び出します。

・set_alarm

アラーム設定スイッチが押されると対応した割り込み処理で，デジタルスイッチの情報を読み込み，アラーム時刻を保存します。

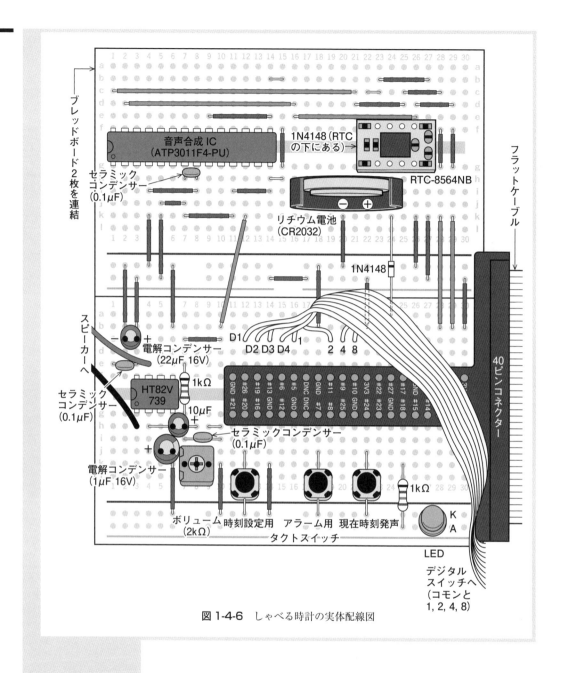

図1-4-6 しゃべる時計の実体配線図

・talk

引数で渡された番号により発声文章を選択し，音声合成ICのATP3011F4へI²Cインターフェイスにより送信します．6個の発声文章を選択します．

・set_time

時刻設定スイッチが押されると対応した割り込み処理で，デジタルスイッチの情報を読み込み，RTC-8564NBへI²Cインターフェイスで送信し，時刻設定します．

・get_time

RTC-8564NBから現在時刻を読み込み，時（hour），分（minute），秒（second）に格納します。

・interrupt

RTC-8564NBから1秒ごとに出力される信号（CLK）により割り込みが発生し，アラーム設定時刻と現在時刻を比較して一致したときにアラーム時刻となったことを発声します。

・init

初期設定処理で，RTC-8564NBとATP3011F4のオープン，各GPIOの初期設定，割り込み処理の設定を行います。

・main

メインプログラムは，初期設定（init）関数を呼び出し，Raspberry PiのGPIOの設定などを行った後，時刻情報を取得して，そのときRTC-8564NBのバックアップ電源が断となって時刻情報がリセットされていたときは時刻設定を促すメッセージ「時刻情報がクリアされています。設定してください」を繰り返し発声し，時刻設定がされると1秒ごとの割り込みを許可します。その後は無限ループを繰り返しています。何らかの理由でOS（オペレーティングシステム）に戻りたいときは，GPIO23をGNDと接続することで，この無限ループを抜け出すことができます。

▶ しゃべる時計のプログラムリスト

```
//******************************************************************************
//** Program Name : onsei.c
//** Description  : RTC-8564NB を使用したデジタル時計
//** Include file : wiringPi.h wiringOI2C.h stdio.h string.h
//** Compile      : cc -o onsei onsei.c -lwiringPi
//******************************************************************************
#include <wiringPi.h>          // wiringPi のヘッダーファイルをインクルード
#include <wiringPiI2C.h>       // wiringPi I2C のヘッダーファイルをインクルード
#include <stdio.h>
#include <string.h>
#define interrupt_pin      27
#define stop_pin           23
#define adrs_ATP3011F4     0x2e    // ATP3011F4 のアドレス
#define adrs_RTC8564       0x51    // RTC-8564NB のアドレス
#define SECOND             0x02
#define MINUTE             0x03
#define HOUR               0x04
#define LED                18
char digit_select[4] = {6,13,19,26} ;
char digital_sw_out[4] = {10,9,11,5} ;
char push_sw[3] = {20,7,24} ;  //GPIO20:time set  GPIO7:alarm set  GPIO24:talk
```

```c
int fdRTC;
int fdATP ;
char second ;
char minute ;
char hour ;
char alarm_minute ;
char alarm_hour ;
char alarm_flag ;

//*****************************************************************
// バイナリーから BCD への変換
//*****************************************************************
int conv_bcd(int dt) {
    return (((dt / 10) << 4) | (dt % 10));    // dtを10で割り，左へ4ビットシフト
                                               // したものと余りの OR
}
}

//*****************************************************************
// BCD からバイナリーへの変換
//*****************************************************************
int conv_decimal(int dt) {
    return ((dt >> 4) * 10 + (dt & 0x0f));    // dtを右に4ビットシフトしたものと
                                               // 下位4ビットの OR
}

//*****************************************************************
// デジタルスイッチの読み込み
//*****************************************************************
int get_digital_sw(char *hour_sw, char *minute_sw) {
        int i ;
        int j ;
        int data[4] ;
        for(i=0; i<4; i++){                    // 4桁分読み込む
                digitalWrite(digit_select[i],0) ;
                                               // デジタルスイッチのコモン端子を "L"
                delay(10) ;                    // 10ミリ秒休止
                data[i] = 0 ;
                for(j=0; j<4; j++)             // 4ビット分読み込む
                        data[i] = (data[i] << 1) | digitalRead(digital_sw_out[j]);
                digitalWrite(digit_select[i],1) ;
                                               // デジタルスイッチのコモン端子を "H"
        }
        *minute_sw = data[1] * 10 + data[0] ;  // 分をバイナリー値へ変換
        *hour_sw = data[3] * 10 + data[2] ;    // 時をバイナリー値へ変換
        if(*minute_sw > 59 || *hour_sw > 23){  // 時刻範囲外か
                talk(4) ;                      // 時刻の設定に誤りがある発声
                return(-1) ;
        }
        return(1) ;
}

//*****************************************************************
// 現在時刻を発声
//*****************************************************************
```

```
void talking(){
        delay(100) ;                                    // 100 ミリ秒休止
        if(digitalRead(push_sw[2]) == 0)
                talk(2) ;                               // 現在時刻を発声
}
//*******************************************************************
// 現在時刻を設定
//*******************************************************************
void set_alarm(){
        delay(100) ;
        if(digitalRead(push_sw[1]) == 0){       // デジタルスイッチの読み込みでエラーがないか
                if(get_digital_sw(&alarm_hour,&alarm_minute) != -1){
                                        // デジタルスイッチから読み込んだ時をアラームに設定
                        alarm_flag = 1 ;        // アラームが設定された
                        talk(3) ;       //「アラーム時刻を●時●分0秒に設定しました」と
                                        発声
                }
        }
}
//*******************************************************************
// 引数で渡された番号のフレーズを発声
//*******************************************************************
int talk(int msg_num){
        int i ;
        char c ;
        char jikoku[10] ={"zikoku'o \0"} ;
        char settei[25]={"'ni settte'i 'si'ma'sita\0" } ;
        char error[42] = {"zi'koku'no settte'ini ayamari'ga arima'su\0"} ;
        char alarm[39]= {"ara-muno setttei'zikanni 'nari'ma'sita\0"} ;
        char now_time[22] = {"gen'zaino zi'ko'kuwa \0"} ;
        char alarm_time[17] = {"ara-muzi'koku'o \0"} ;
        char clear[50] = {"zi'kokuga kuriya-sareteima'su
                            settteisitekudasa'i\0"} ;
        char time_data[100] ;
        char out_msg[256]={"\0"} ;
        char wk[60]={"\0"} ;
        get_time() ;
        if(msg_num == 3){       // 発声番号が3ならばアラーム時刻のフレーズを作る
                sprintf(time_data,"/<NUMK VAL=%d COUNTER=ji>\0",alarm_hour);
                sprintf(wk,"/<NUMK VAL=%d COUNTER=funn> <NUMK VAL=%d
                                        COUNTER=byou>\0",alarm_minute,0) ;
        }
           else{                                // 通常の時分秒のフレーズを作る
                sprintf(time_data,"/<NUMK VAL=%d COUNTER=ji>\0",hour) ;
                sprintf(wk,"/<NUMK VAL=%d COUNTER=funn> <NUMK VAL=%d
                                        COUNTER=byou>\0",minute,second) ;
        }
        strcat(time_data,wk) ;          // time_data と wk を結合
        switch(msg_num){                // メッセージ番号により発声を振り分け
                case 1:strcpy(out_msg,jikoku) ;         // 時刻設定
                        strcat(out_msg,time_data) ;
                        strcat(out_msg,settei) ;
                        break ;
```

```c
                    case 2:strcpy(out_msg,now_time) ;        // 現在時刻
                           strcat(out_msg,time_data) ;
                           strcat(out_msg,"de'su\0") ;
                           break ;
                    case 3:strcpy(out_msg,alarm_time) ;      // アラーム時刻設定
                           strcat(out_msg,time_data) ;
                           strcat(out_msg,settei) ;
                           break ;
                    case 4:strcpy(out_msg,error) ;           // エラー
                           break ;
                    case 5:strcpy(out_msg,alarm) ;           // アラーム時刻になった
                           break ;
                    case 6:
                           strcpy(out_msg,clear) ;           // 時刻がクリア
                           break ;
        }
        c = wiringPiI2CRead(fdATP) ;                         // ATP3011F4を調べる
        if(c == '>'){                                        // 応答が'>'ならばデータを送信
                for(i=0; i<strlen(out_msg); i++)// 発声する文字連れの長さだけ繰り返す
                        wiringPiI2CWrite(fdATP,out_msg[i]);
                                                             // ATP3011F4へ文字列を送信
                wiringPiI2CWrite(fdATP,0x0d) ;               // 文字列の送信終了 改行コードを送信
        }
        delay(1000) ;
        return(1) ;                                          // 1秒休止
}

//*****************************************************************
// RTC-8564NBへ時分秒を書込み
//*****************************************************************
void set_time() {
        delay(100) ;                                         // 100ミリ秒休止
        if(digitalRead(push_sw[0]) == 0){
                get_digital_sw(&hour,&minute) ;
                wiringPiI2CWriteReg8 (fdRTC, HOUR,conv_bcd(hour));
                                                             // 時の書き込み
                wiringPiI2CWriteReg8 (fdRTC, MINUTE,conv_bcd(minute));
                                                             // 分の書き込み
                wiringPiI2CWriteReg8(fdRTC,SECOND,0x00) ;    // 秒(00)の書き込み
                talk(1) ;
        }
}

//*****************************************************************
// RTC-8564NBから時分秒を読み込み
//*****************************************************************
int get_time() {
        if((wiringPiI2CReadReg8(fdRTC,SECOND) & 0x80) != 0)
                                                             // バックアップ電源がオフなったか
                return(-1) ;                                 // オフとなったので-1を返す
        hour=   conv_decimal(wiringPiI2CReadReg8(fdRTC,HOUR) & 0x3f);
                                                             // 時の読み込み
         minute= conv_decimal(wiringPiI2CReadReg8(fdRTC,MINUTE) & 0x7f);
                                                             // 分の読み込み
```

```c
            second= conv_decimal(wiringPiI2CReadReg8(fdRTC,SECOND) & 0x7f);
                                                    // 秒の読み込み
        return(0);
}

//********************************************************************
// RTC-8564NB の1pps信号による割り込み処理
//********************************************************************
interrupt(){
        if(get_time() == -1)             // 時刻情報の取得関数をコールし戻り値が-1か
                talk(6) ;                // 時刻情報がクリアとなった発声
        else{
                digitalWrite(LED,1) ;    // 1秒ごとのLED点灯
                delay(300) ;             // 300ミリ秒休止
                digitalWrite(LED,0) ;    // 1秒ごとのLED消灯
                if(alarm_flag){          // アラームが設定されているか
                        if(hour == alarm_hour && minute == alarm_minute){
                                                    // アラーム時刻か
                                if(second == 0 || second == 5 || second == 10)
                                talk(5) ;   //「設定したアラーム時刻になりました」を0秒,
                                            // 5秒,10秒で3回発声
                                if(second >=15)      // 15秒でアラーム設定を解除
                                alarm_flag = 0 ;
                                }
                        }
                }
}

//********************************************************************
// 初期化
//********************************************************************
int init(){
        int i ;
        if(wiringPiSetupGpio() == -1)             // GPIOのセットアップ
                return(-1) ;
        if((fdRTC = wiringPiI2CSetup(adrs_RTC8564)) == -1)
                                // RTC-8564NBをオープンし,ファイルディスクリプターを取得
                return(-1) ;             // fdがマイナスならopen error
        if((fdATP=wiringPiI2CSetup(adrs_ATP3011F4)) == -1)
                                // ATPO3011F4をオープンし,ファイルディスクリプターを取得
                return(-1) ;             // マイナスならばエラーとして戻る
        pinMode(LED,OUTPUT) ;            // LED接続GPIOを出力に設定
        pinMode(stop_pin,INPUT) ;        // ストップピンのGPIOを入力に設定
        pullUpDnControl(stop_pin,PUD_UP);    // プルアップ
        pinMode(interrupt_pin,INPUT) ;       // interruptピンのGPIOを入力に設定
        pullUpDnControl(interrupt_pin,PUD_UP);   // プルアップ
        wiringPiI2CWriteReg8(fdRTC,0x0d, 0x83);   // クロック出力を1Hzに設定
        waitForInterrupt(interrupt_pin,2000) ;    // RTCからの割り込み待ち時間を
                                                  // 2秒に設定
        for(i=0; i<4; i++){
                pinMode(digital_sw_out[i],INPUT) ;
                                        // デジタルスイッチのGPIOを入力に設定
                pinMode(digit_select[i],OUTPUT) ;
                                        // デジット選択のGPIOを出力に設定
```

```c
                        pullUpDnControl(digital_sw_out[i],PUD_UP);     // プルアップ
            }
            for(i=0; i<3; i++){
                        pinMode(push_sw[i],INPUT) ;
                                                // 押しボタンスイッチのGPIOを入力に設定
                        pullUpDnControl(push_sw[i],PUD_UP);            // プルアップ
            }
            wiringPiISR(push_sw[0],INT_EDGE_FALLING,(void*)set_time) ;
                                // 時刻設定の押しボタンスイッチが押されたときset_timeを実行
            wiringPiISR(push_sw[1],INT_EDGE_FALLING,(void*)set_alarm) ;
                                // アラーム設定の押しボタンスイッチが押されたときset_alarmを実行
            wiringPiISR(push_sw[2],INT_EDGE_FALLING,(void*)talking) ;
                                // 現在時刻の押しボタンスイッチが押されたときtalkingを実行
            return(1) ;
}

//*************************************************************
// メイン
//*************************************************************
int main() {
            if(init() == -1)          // 初期化処理をコールし戻り値が-1のときはプログラム終了
                return(1) ;
            while(get_time()== -1){    // 時間を取得したとき戻り値が-1か
                        talk(6) ;              // 戻り値が-1なので「時刻情報がクリアされま
                                               // した。設定してください」を発声
                        delay(6000) ;          // 6秒休止
            }
             wiringPiISR(interrupt_pin,INT_EDGE_FALLING,(void*)interrupt) ;
                                // RTCのクロックの立ち下がりで割り込みを発生しinterruptを実行
            while(digitalRead(stop_pin) != 0);    // ストップピンが"L"でない間実行
            return(0) ;
}
```

2-1 温度・湿度計

2×1.6 mm ほどの超小型なチップに，温度と湿度のセンサーを内蔵したテキサス・インスツルメンツの HDC1000 を使用して温度計と湿度計を製作します．このチップは小さすぎてハンダ付けすることはできませんが，ブレッドボードに挿し込めるように 1/10 インチ (2.54 mm) の 5 ピンに変換したモジュール AE-HDC1000 が秋月電子通商で入手できますので，電子工作にとても便利に使用できます．表示部は 1-2 節のリアルタイムクロック（RTC）IC を使用した時計の表示部と同じ 4 桁のダイナミック表示方式の 7 セグメント表示器を用いています．

2-1-1　回　路

本機の回路を図 2-1-1 に，使用部品表を表 2-1-1 に示します．

7 セグメント表示器は赤色のものを使用しましたので，全てのセグメントが点灯したときは GPIO の最大電流値 8 mA を超えていますので，

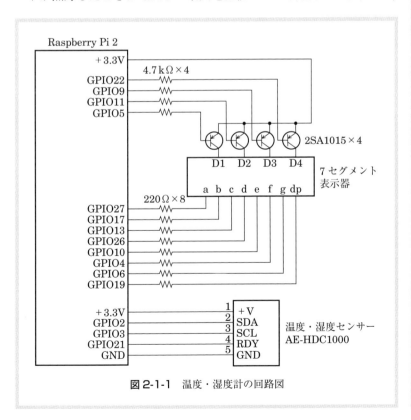

図 2-1-1　温度・湿度計の回路図

トランジスター 2SA1015 のベースに 4.7 kΩ の抵抗を介して GPIO と接続し，アノードをオン・オフしています．この表示部はリアルタイムクロックを使用した時計と同じものです．センサー HDC1000 と Raspberry Pi との通信は I²C インターフェイスで，電源（+3.3 V），SDA，SCL，RDY そして GND と 5 本の線で接続します．

表 2-1-1　使用部品表

部品名	規　格	数　量	備　考
ラズベリーパイ本体	Raspberry Pi 2	1	秋月電子通商
ブレッドボード接続キット	ラズベリーパイ B+/A+用 AE-RBPi-BOB40KIT	1	〃
AC 電源アダプター	5V 2A，AD-B50P200	1	〃
温度・湿度モジュール	AE-HDC1000	1	〃
ブレッドボード	サンハヤト SAD-101	3	千石電商
7 セグメント表示器 4 桁ダイナミック表示用	OSL40562-IR	1	秋月電子通商
トランジスター	2SA1015	4	〃
抵抗	220 Ω 1/4 W	8	〃
〃	4.7 kΩ 1/4 W	4	〃
ジャンプワイヤー	サンハヤト SKS-390	一式	千石電商

2-1-2　製　作

表示部の製作は，1-2 節のリアルタイムクロック IC を使用した時計を参照してください．

RTC の代わりに，AE-HDC1000 を挿し替えて温度・湿度計としています．AE-HDC1000 モジュール（以下，HDC1000 と略）を写真 2-1-1，ピン配置図を図 2-1-2，温度・湿度計のブレッドボードを写真 2-1-2，そしてその実体配線図を図 2-1-3 に示します．

写真 2-1-1　温度・湿度センサーモジュール AE-HDC1000

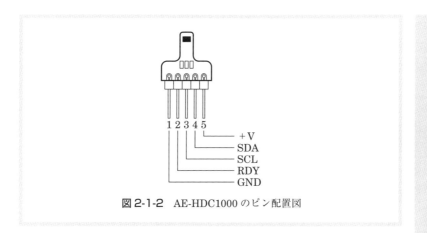

図 2-1-2 AE-HDC1000 のピン配置図

写真 2-1-2 温度・湿度計のブレッドボード

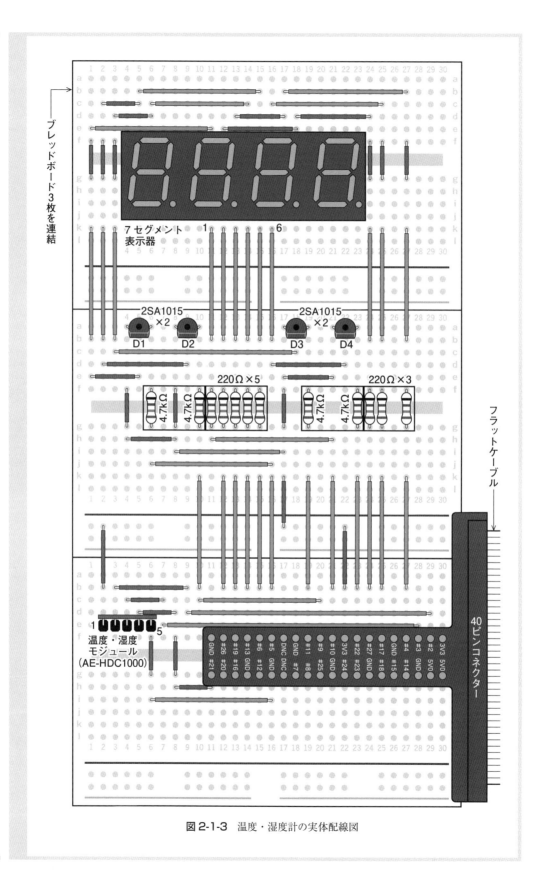

図 2-1-3　温度・湿度計の実体配線図

このモジュールはちょっと変わった形をしています。その理由は，温度・湿度の測定は空気の流れがよくないと正確な測定ができないため，センサーのまわりの空気の流れをよくする工夫がなされています。なお，基板とセンサーの間にわずかな隙間があり，これも空気の流れをよくするためのもので，この隙間をふさがないようにする必要があります。写真2-1-3は温度を，写真2-1-4は湿度を表示している様子です。

写真2-1-3 温度を表示している様子（25.1℃）

写真2-1-4 湿度を表示している様子（61%）

2-1-3　プログラム

　4桁の7セグメント表示器に温度と湿度を1秒ごとに切り替えて表示します。温度は0.1℃単位で3桁を使用し，湿度は1%単位で2桁を使用します。

・get_disp

　HDC1000に変換命令を出して変換が終わるまで待ち，完了したら温度と湿度の情報を読み込み，マニュアルに示された計算式で温度と湿度へ変換し，その値を表示する関数をコールします。読み込みは約2秒に1回行い，約1秒ごとに温度と湿度の表示を切り替えます。

　何らかの理由でOSに戻りたいときは，GPIO23をGNDとします。

・disp

Get_dispから渡された引数に基づき，指定されたデジットに指定された数字を表示します。表示の前に，全てのデジットを消去します。

・erase_disp

全てのデジットの7セグメント表示器を消去します。

・init

GPIOのセットアップとHDC1000のI²Cの初期化後，7セグメント表示で使用するGPIOを出力に設定します。

・main

Init関数（初期処理）をコールした後，センサーから情報を読み込み表示する関数get_dispをコールします。初期化処理でエラーが発生した場合は，リターンコードが-1となりプログラムを終了します。

▶ **温度・湿度計のプログラムリスト**

```
//***************************************************************************
//** Program Name : temp_humi.c
//** Description  : HDC1000を使用した温度計と湿度計
//** Used library : wiringPi.h wiringPiI2C.h
//** Compile      : cc -o temp_humi temp_humi.c -lwiringPi
//***************************************************************************
#include <wiringPi.h>              // wiringPiのヘッダーファイルをインクルード
#include <wiringPiI2C.h>           // wiringPiのI2Cヘッダーファイルをインクルード
#define off              1
#define on               0
#define a                27        //aセグメントのGPIO
#define b                17        //bセグメントのGPIO
#define c                13        //cセグメントのGPIO
#define d                26        //dセグメントのGPIO
#define e                10        //eセグメントのGPIO
#define f                4         //fセグメントのGPIO
#define g                6         //gセグメントのGPIO
#define dp               19        //dpセグメントのGPIO
#define rdy_pin          21        //変換完了の入力ピンGPIO
#define stop_pin         23        //停止ピンのGPIO
#define temp_reg         0x00
#define config_reg       0x02
#define adrs_HDC1000     0x40      //HDC1000のアドレス
char digit_port[4] = {22,9,11,5} ; //デジット選択のGPIO デジット4,3,2,1の順
char seg_data[11][9] = {           //7セグメント表示器セグメントデータ
            { a,b,c,d,e,f,0,0,0},      //0
            { b,c,0,0,0,0,0,0,0},      //1
            { a,b,d,e,g,0,0,0,0},      //2
            { a,b,c,d,g,0,0,0,0},      //3
            { b,c,f,g,0,0,0,0,0},      //4
            { a,c,d,f,g,0,0,0,0},      //5
            { a,c,d,e,f,g,0,0,0},      //6
```

```c
                    { a,b,c,f,0,0,0,0,0},      // 7
                    { a,b,c,d,e,f,g,0,0},      // 8
                    { a,b,c,d,f,g,0,0,0},      // 9
                    {dp,0,0,0,0,0,0,0,0}} ;    // dp
int fd;                                        // HDC10005 のファイルディスクリプター

//***************************************************************
// 全ての表示を消去
//***************************************************************
void erase_led(){
        int  i ;
        for(i=0; i<4; i++)                // 各デジットの GPIO に "H" を出力
                digitalWrite(digit_port[i],off) ;
        for(i=0; i<7; i++)                // 全てのセグメントの GPIO に "H" を出力
                digitalWrite(seg_data[8][i],off) ;
        digitalWrite(dp,off) ;            // dp の GPIO に "H" を出力
}

//***************************************************************
// 7セグメント表示器に数値を表示
//***************************************************************
void disp_dt(char digit,char disp_data){
        int i = 0 ;
        erase_led() ;                     // 全ての表示を消去
        digitalWrite(digit_port[digit],on) ;
                                          // 引数で渡されたデジットの GPIO に "L" を出力
        while(seg_data[disp_data][i] != 0)   // セグメントデータが0になるまで繰り返す
                digitalWrite(seg_data[disp_data][i++],on);
                                          // 該当するセグメントデータの GPIO に "L" を出力
        delay(2) ;                        // 2ミリ秒休止
}

//***************************************************************
//HDC1000 から温度と湿度の読み込み　表示
//***************************************************************
int get_disp(){
        int i ;
        int ret_val ;
        int temp ;
        int humi ;
        double temp_now ;
        double humi_now ;
        int count = 1000 ;
        int wk ;
        unsigned char data[4];
        while(digitalRead(stop_pin)!= 0){    // ストップピンが "L" となるまで繰り返す
                if(count >= 1000){
                                          // count が 1000 を超えたら HDC1000 から読み込み
                        count = 0 ;
                          wiringPiI2CWriteReg8(fd,temp_reg,1) ;
                     while(digitalRead(rdy_pin) == 1) ;    // 変換完了まで待つ
                        delay(10) ;                        // 10ミリ秒休止
                  ret_val = read(fd, data, 4);   // fd から 4バイト data に読み込み
                  if (ret_val < 0)              // 戻り値がマイナスか
```

```c
                return -1 ;                              // マイナスなら-1を返す
                        temp = data[0] << 8;             // 温度を計算
                temp |= data[1];
                        temp_now = (temp / 65536.0 * 165.0) - 40.0;
                humi = data[2] << 8;                     // 湿度を計算
                humi |= data[3];
                        humi_now = humi / 65536.0 * 100 ;
         }
                if(count <= 300){                        // 表示回数が300より小さいときは温度の表示
                        wk = (temp_now + 0.05) * 10 ;    // 温度の値を10倍
                        for(i=0; i<3; i++){              // 3桁表示
                                disp_dt(i,wk % 10) ;     // 10で割り，余りを表示
                                wk /= 10 ;               // 1/10にする
                        }
                        disp_dt(1,10) ;                  // デジット3のdpを点灯
                }
                if(count > 300){                         // 表示回数が300以上のときは湿度表示
                        wk = humi_now + 0.5 ;            // 四捨五入
                        for(i=0; i<2; i++){              // 2桁表示
                                disp_dt(i,wk % 10) ;     // 10で割り，余りを表示
                                wk /= 10 ;               // 1/10にする
                        }
                }
                count++ ;
        }
}

//**********************************************************************
// 初期化
//**********************************************************************
int init(){
        int i ;
        if(wiringPiSetupGpio() == -1)                    // GPIOのセットアップ
                return(-1);                              // エラーのときは-1を返す
        fd = wiringPiI2CSetup(adrs_HDC1000);
                                                         // HDC1000をオープンしファイルディスクリプターを取得
        if(fd < 0)                                       // ファイルディスクリプターが負ならエラー
                return(-1) ;                             // -1を返す
        pinMode(rdy_pin,INPUT) ;                         // rdy_pinのGPIOを入力に設定
        pinMode(stop_pin,INPUT) ;                        // ストップピンのGPIOを入力に設定
        pullUpDnControl(stop_pin,PUD_UP);                // プルアップ
        for(i=0; i<3; i++)
                pinMode(digit_port[i],OUTPUT) ;          // デジットのGPIOを出力に設定
        for(i=0; i<7; i++)
                pinMode(seg_data[8][i], OUTPUT);         // セグメントのGPIOを出力に設定
        pinMode(dp,OUTPUT) ;                             // dpのGPIOを出力に設定
        if(wiringPiI2CWriteReg8(fd,config_reg,0x10) < 0)
                return(-1) ;
        return(1)  ;
}

//**********************************************************************
// メイン
//**********************************************************************
```

```
int main(void) {
	if (init() == -1)          // 初期化処理をコールし戻り値が-1のときはプログラム終了
		return(1) ;
	get_disp() ;                                       // 温度と湿度の読み込みと表示
	erase_led() ;                                      // 全ての表示を消去
	return(1) ;
}
```

コラム ： 湿度計

　現在，多く使用されている湿度計は，電子式のものですが，以前は髪の毛で作られた「毛髪湿度計」が使用されていました。これは，人間の髪の毛が湿度により伸びたり縮んだりすることを応用し，その先にペンが付いていて記録紙に湿度の変化を記録するものでした。フランス人の女性の髪の毛が応答特性などに優れているとのことです。

2-2 気圧計

気圧とは大気の圧力で，単位はパスカル〔Pa〕です。通常は、この値を 100 倍したものでヘクトパスカル〔hPa〕を使用しています。以前の気圧測定は水銀柱の高さを測り求めていましたが，現在は電気式のものとなっています。本機は，半導体の気圧センサーを使用し，Raspberry Pi でコントロールするものです。気圧には現地気圧と海面気圧とがあり，気象庁の Web などで発表されているものは海面気圧です（コラム 現地気圧と海面気圧を参照）。

2-2-1 回　路

本機の回路図を図 2-2-1 に，使用部品を表 2-2-1 に示します。気圧センサーの LPS25H は，2.5 mm 角ととても小さいので，8 ピンの DIP 形にモジュール化された秋月電子通商の AE-LPS25H（以下，LPS25H）（写真 2-2-1）を使用しています。LPS25H は I²C と SPI の二つの通信イン

> **コラム　：　現地気圧と海面気圧**
>
> 　気圧は大気の圧力で，低気圧や高気圧といった表現がありますが，どの値以上が高気圧とか低気圧と数値的に決まったものではなく，周囲の気圧に対して高いか，低いかを表現するものです。気象庁で使用している気圧計は，現在は電子式ですが，以前は水銀柱の高さによるフォルタン型というものでした。気圧は標高により大きく変化しますので，現地で観測した気圧の値をほかの観測所と比較することはできません。このため，現地気圧を標高，気温などを用いて，海面での気圧（海面気圧）へ変換します。これを気圧の海面更生といいます。
> 　このように標高に関係なく共通に比較できる海面更正した気圧により天気図が作成され，気圧配置が目に見えるようになります。気象庁の Web に載っている気圧の観測地は，海面気圧です。
> 　本機で使用した気圧センサーによる表示は，現地気圧ですが，海面気圧へ変換する式も公表されていますので，挑戦してみてはいかがでしょうか。また，標高，気温，現地気圧を入力すると海面気圧を求められる Web サイトもあります。現地気圧は変化傾向を把握することができ，低気圧が近づいているときなどは顕著にわかります。

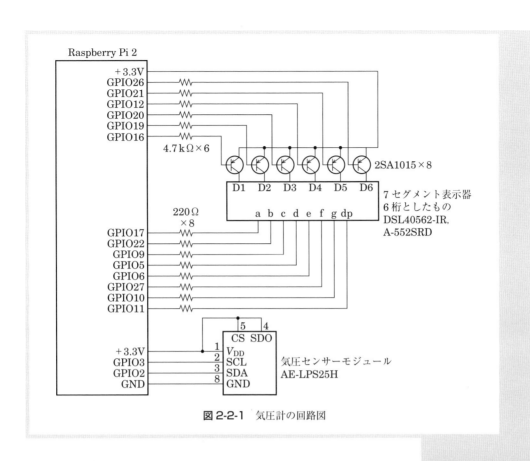

図 2-2-1　気圧計の回路図

表 2-2-1　使用部品表

部品名	規格	数量	備考
ラズベリーパイ本体	Raspberry Pi 2	1	秋月電子通商
ブレッドボード接続キット	ラズベリーパイ B+/A+ 用 AE-RBPi-BOB40KIT	1	〃
AC 電源アダプター	5 V 2 A, AD-B50P200	1	〃
気圧センサーモジュール	AE-LPS25H	1	〃
ブレッドボード	サンハヤト SAD-101	2	千石電商
7 セグメント表示器 4 桁ダイナミック表示用	OSL40562-IR	1	秋月電子通商
〃 2 桁	A-552SRD	1	〃
トランジスター	2SA1015	6	〃
抵抗	220 Ω 1/4 W	8	〃
〃	4.7 kΩ 1/4 W	6	〃
配線材料	0.26 mm 細線	1m	7 セグメント表示器用
ジャンプワイヤー	サンハヤト SKS-390	一式	千石電商

写真 2-2-1　気圧センサーモジュール AE-LPS25H

ターフェイスを持ち，本機はI^2Cインターフェイスで通信しますので，4番ピンをV_{DD}に接続することによりI^2Cインターフェイスが選択されます。I^2Cインターフェイスは，SDA，SCL，3.3 Vの電源とGNDの4本の線でRaspberry Piと接続することができ，データの読み書きはwiringPiのライブラリーを使用することにより簡単にデバイスとの通信ができます。

　気圧は0.1 hPaまで表示すると5桁の7セグメント表示器が必要となり，本機は1-3節のGPS時計の表示部と同じものを使用しています。4桁のダイナミック表示器と2桁の表示器を組み合わせて6桁とし，下5桁を使用しています。LPS25Hは温度の測定もできますので，下3桁を使用して温度の表示も可能としています。本機は，気圧と温度を5秒ごとに切り替えて表示をしています。

2-2-2　製　作

　表示部分の製作は1-3節のGPS時計を参照してください。LPS25HのSDAはGPIO2へ，SCLはGPIO3へ，1，4，5ピンはRaspberry Piの+3.3Vへ，8番ピンはGNDへ接続します。AE-LPS25Hのピン配置図を図2-2-2に示します。製作配線は写真2-2-2と図2-2-3の実体配線図を参照してジャンプワイヤーを挿入してください。

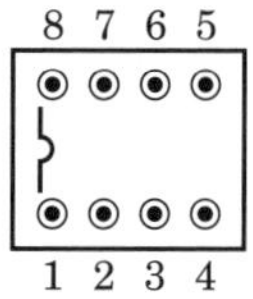

1	V_{DD}	5	CS
2	SCL	6	NC
3	SDA	7	INT1
4	SDO	8	GND

図 2-2-2　AE-LPS25Hのピン配置図

写真 2-2-2 気圧計のブレッドボード（990.7 hPa を表示している様子）

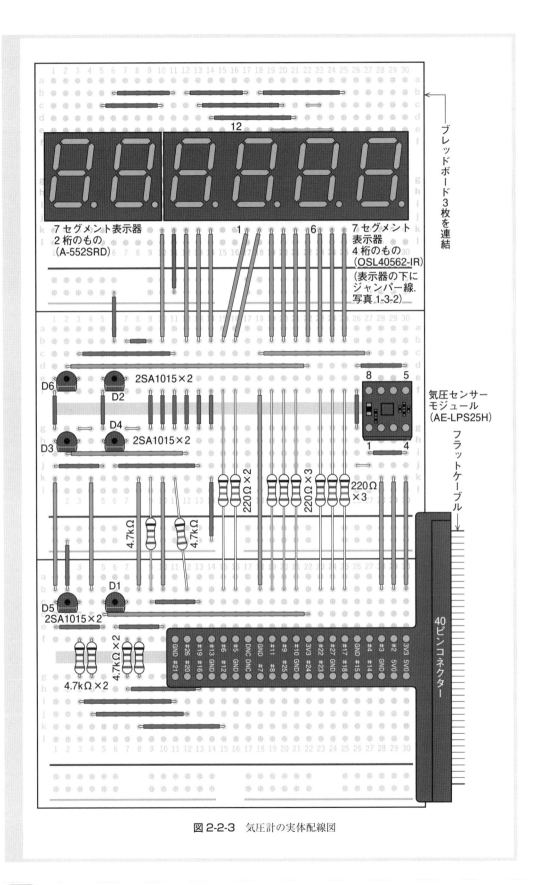

図 2-2-3　気圧計の実体配線図

2-2-3　プログラム

　LPS25Hは温度計も内蔵していますので，本機は0.1℃までの温度を7セグメント表示器の下3桁に表示しています。

・get_data

　LPS25Hから気圧と温度の情報を約10秒に1回，I^2Cインターフェイスによる通信で読み込み，マニュアルに示されている計算式により気圧と温度の値を求め，これらを引数に設定しdispをコールして気圧と温度を表示します。

・disp

　get_dataから引数で渡された表示する桁（デジット）と表示する値を7セグメント表示器へ表示します。

　なお，気圧および温度では1位の所のdp（小数点）を表示します。気圧が1000 hPaより小さいときと，温度が10℃より小さいときは，先頭のゼロを表示しないようゼロサプレス処理をしています。気圧と温度の表示は，それぞれ約5秒ごとに切り替えて表示します。

・erase_led

　気圧または温度の表示の前にこの関数がコールされ，全ての7セグメント表示器の表示を消すもので，デジット選択のGPIOに"H"を，セグメント用のGPIOには"H"を出力します。

・init

　wiringPiのセットアップ，wiringPiI2Cのセットアップを行います。エラーが発生したときは-1を返し，プログラムを終了します。また，7セグメント表示器のためのGPIOを出力に設定します。何らかの理由で本プログラムを終了したいときに使用するGPIO23を入力に設定し，プルアップしておきます。

・main

　init（初期化処理）関数をコールした後，表示処理のループを実行します。

　何らかの理由でOS（オペレーティングシステム）に戻りたい場合は，GPIO23をGNDに接続すると，表示のループを抜けてOSに戻ります。GPIO23にはスイッチは付けてありませんので，停止させるときはジャンプワイヤーなどでGNDと接続してください。

▶ 気圧計のプログラムリスト

```c
//**************************************************************************
//** Program Name : press.c
//** Description  : LPS25H を使用した気圧計と温度計
//** Used library : wiringPi.h time.h wiringPiI2C.h
//** Compile      : cc -o press press.c -lwiringPi
//**************************************************************************
#include <wiringPi.h>          // wiringPi のヘッダーファイルをインクルード
#include <wiringPiI2C.h>       // wiringPi の I2C ヘッダーファイルをインクルード
#define off                1
#define on                 0
#define a                 17         // a セグメントの GPIO
#define b                 22         // b セグメントの GPIO
#define c                  9         // c セグメントの GPIO
#define d                  5         // d セグメントの GPIO
#define e                  6         // e セグメントの GPIO
#define f                 27         // f セグメントの GPIO
#define g                 10         // g セグメントの GPIO
#define dp                11         // dp セグメントの GPIO
#define adrs_LPS25H     0x5d         // LPS25H のアドレス
#define stop_pin          23         // 停止ピンの GPIO
#define pressure_h      0x2a
#define pressure_l      0x29
#define pressure_xl     0x28
#define temperature_l   0x2b
#define temperature_h   0x2c
float press_now;
float temp_now ;
char digit_port[6]={26,21,12,20,19,16} ;
                                    // デジット選択の GPIO デジット 6,5,4,3,2,1 の順
char seg_data[11][9] = {            // 7 セグメント表示器セグメントデータ
            { a,b,c,d,e,f,0,0,0},   // 0
            { b,c,0,0,0,0,0,0,0},   // 1
            { a,b,d,e,g,0,0,0,0},   // 2
            { a,b,c,d,g,0,0,0,0},   // 3
            { b,c,f,g,0,0,0,0,0},   // 4
            { a,c,d,f,g,0,0,0,0},   // 5
            { a,c,d,e,f,g,0,0,0},   // 6
            { a,b,c,f,0,0,0,0,0},   // 7
            { a,b,c,d,e,f,g,0,0},   // 8
            { a,b,c,d,f,g,0,0,0},   // 9
            {dp,0,0,0,0,0,0,0,0}} ; // dp
int fd ;                            // LPS25H のファイルディスクリプター

//*******************************************************************
// 全ての表示を消去
//*******************************************************************
void erase_led(){
        int i ;
        for (i=0; i<=5; i++)              // 各デジットの GPIO に "H" を出力
                digitalWrite(digit_port[i],off) ;
        for(i=0; i<=6; i++)               // 全てのセグメントの GPIO に "H" を出力
                digitalWrite(seg_data[8][i],off) ;
        digitalWrite(dp,off) ;            // dp の GPIO に "H" を出力
```

```c
}
//******************************************************************
// 7セグメント表示器に数値を表示
//******************************************************************
void disp_dt(char digit,char disp_data){
        int i = 0 ;
        erase_led() ;                           // 全ての表示を消去
        digitalWrite(digit_port[digit],on) ;
                                                // 引数で渡されたデジットのGPIOに"L"を出力
        while(seg_data[disp_data][i] != 0)      // セグメントデータが0になるまで繰り返す
                digitalWrite(seg_data[disp_data][i++],on);
                                                // 該当するセグメントデータのGPIOに"L"を出力
        if(digit == 1)                          // デジット5番目か(GPIO21)
                digitalWrite(dp,0) ;            // dpを点灯
        else
                digitalWrite(dp,1) ;            // dpを消灯
        delay(2) ;                              // 2ミリ秒休止
}

//******************************************************************
// LPS25Hから気圧と温度の読み込み
//******************************************************************
void get_data(){
        int press_h ;
        int press_l ;
        int press_xl ;
        int temp_h ;
        int temp_l ;
        int temp ;
        long press ;
        press_h =  wiringPiI2CReadReg8(fd,pressure_h);     // 気圧の読み込み
        press_l =  wiringPiI2CReadReg8(fd,pressure_l);
        press_xl = wiringPiI2CReadReg8(fd,pressure_xl);
        press = (press_h*0x10000) + (press_l * 0x100) +press_xl ; // 気圧の計算
        press_now=(press/4096.0) + 0.05 ;
        temp_h = wiringPiI2CReadReg8(fd,temperature_h) ;   // 温度の読み込み
        temp_l = wiringPiI2CReadReg8(fd,temperature_l) ;
        temp=(temp_h*0x100) + temp_l;
        temp_now=temp ;
        if(temp & 0x8000)                                  // 温度はマイナスか
                temp_now -= 65536 ;                        // マイナスの計算
        temp_now=(temp_now/480.0)+42.5 + 0.05 ;            // 温度の計算
}

//******************************************************************
// LPS25Hから気圧と温度の読み込み　表示
//******************************************************************
void get_disp(){
        int i ;
        int digit_length;
         int wk ;
        int save_dt ;
        int count = 1300 ;
```

```c
            while(digitalRead(stop_pin) != 0){    // ストップピンが"L"となるまで繰り返す
                if(count >= 1300){
                                        // 表示回数が1300を超えたらならデータの読み込み
                    count = 0 ;
                    get_data() ;
                }
                if(count <= 500 ){      // 表示回数が500より小さいときは気圧の表示
                    wk=press_now * 10 ;      // 気圧の値を10倍
                    if(wk < 10000)           // 1000hPaより小さいときは4桁表示
                        digit_length = 4 ;       // 4桁表示でゼロサプレス
                    else
                        digit_length = 5 ;       // 5桁表示
                }
        else{                                   // 表示回数が500以上のときは温度表示
                    wk = temp_now * 10 ;     // 温度の値を10倍
                    if(wk < 100)             // 10℃より低いときは2桁表示
                        digit_length = 2 ;       // 2桁表示でゼロサプレス
                    else
                        digit_length = 3 ;       // 3桁表示
                }
                save_dt = wk ;
                for(i=0; i<digit_length; i++){           // 桁の数だけ繰り返す
                    disp_dt(i,save_dt % 10) ;            // 10で割り, 余りを表示
                    save_dt /=  10 ;                     // 1/10にする
                }
                count++ ;
            }
}

//****************************************************************
// 初期化
//****************************************************************
int init(){
    int i ;
    if(wiringPiSetupGpio() == -1)                        // GPIOのセットアップ
        return(-1);                                      // エラーのときは-1を返す
    fd = wiringPiI2CSetup(adrs_LPS25H);
                            // LPS25Hをオープンしファイルディスクリプターを取得
    if(fd < 0)           // ファイルディスクリプターが負ならエラー
        return(-1) ;                                     // -1を返す
    pinMode(stop_pin,INPUT) ;                // ストップピンのGPIOを入力に設定
    pullUpDnControl(stop_pin,PUD_UP);        // プルアップ
    wiringPiI2CWriteReg8(fd,0x20,0x90) ;     // 1Hzサンプリングに設定
    for(i=0; i<6; i++)
        pinMode(digit_port[i],OUTPUT) ;    // デジットのGPIOを出力に設定
    for(i=0; i<7; i++)
        pinMode(seg_data[8][i], OUTPUT);   // セグメントのGPIOを出力に設定
    pinMode(dp,OUTPUT) ;                            // dpのGPIOを出力に設定
    return(1) ;
}

//****************************************************************
// メイン
//****************************************************************
```

```c
int main(void){
        if (init() == -1)       // 初期化処理をコールし，戻り値が-1のときはプログラム終了
        return(1) ;
        if(wiringPiI2CReadReg8(fd,0x0f) != 0xbd)
                return(0) ;             // who am I? が 0xbd でなければプログラムを終了
        erase_led() ;                   // 全ての表示を消去
        get_disp() ;                    // 気圧と温度の読み込みと表示
        erase_led() ;                   // 全ての表示を消去
        return(1);
}
```

3-1 ビンゴゲーム番号発生機

各種のイベントやクリスマスパーティーなどでビンゴゲームは盛んに行われています。そこで，Raspberry Pi を使用してその番号発生器を作成します。

3-1-1 機　能

ビンゴゲームは1～75の番号を主催者が選び，これを大きな声で参加者に知らせますが，なかなか聞き取れなかったり，間違いがあったりしてスムースに進めることは難しいものです。そこで，本機は Raspberry Pi で1～75の番号をランダムに発生させ，その数値を直接表示するものです。表示装置としては，2桁の7セグメント表示器を使用しますが，大型のものは，入手が難しいことと高価なため，直径5 mm の LED を複数並べて大きさ45×80 mm ほどの7セグメント表示器を2個作成します。

スタートスイッチを押すと発生した乱数の番号を高速で表示しますが，これは正式の番号を表示する前の表示で，高速のためはっきりと認識することはできなくしています。次に乱数を発生させますが，すでに出た番号であれば，まだ出ていない番号となるまで乱数を発生させます。そして確定した番号を点滅表示後，連続表示します。また，確認スイッチを押すと，これまで発生した番号を順次表示し，再確認することができます。

3-1-2 回　路

本機の回路図を図3-1-1に，また，使用部品表を表3-1-1に示します。
GPIO の数は，各桁のアノード制御用に2個，7セグメントa～gの表示のために7個，スタートスイッチと確認スイッチの計11個使用します。

7セグメント表示器の横列のa, d, gセグメントのLEDの数は5個，縦列のb, c, e, fセグメントのLEDの数は4個としています。この配線図を図3-1-2に示します。各セグメント輝度を合わせるため，それぞれのセグメントと直列に接続している電流制限抵抗をa, d, gセグメントは120Ω，b, c, e, fセグメントは220Ωとします。LEDが4個また

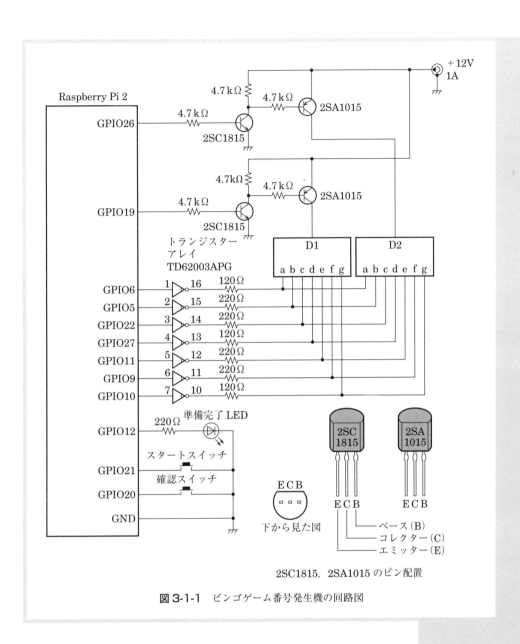

図 3-1-1 ビンゴゲーム番号発生機の回路図

は5個直列に接続していますので，5Vの電圧では点灯しないため，LED用の電源は12Vを使用しています．12Vの電源アダプターの出力端子は内径2.1mmの標準DCプラグのため，このままではブレッドボードに挿さりませんので，写真3-1-1に示すφ2.1mm標準DCジャック⇔スクリュー端子台（RJ-53）を使用して，スクリュー端子台に直径0.8mm，長さ20mm程度の裸線をネジどめし，ブレッドボードに挿し込んで接続しています．

Raspberry PiのGPIOの出力電圧は3.3Vのため，この電圧では桁選択用のトランジスター2SA1015をオンとすることはできません．このため前段に2SC1815を用いてレベル変換をし，この出力で2SA1015を

表 3-1-1 使用部品表

部品名	規格	数量	備考
ラズベリーパイ本体	Raspberry Pi 2	1	秋月電子通商
ブレッドボード接続キット	ラズベリーパイ B+/A+ 用 AE-RBPi-BOB40KIT	1	〃
AC 電源アダプター	5 V 2 A，AD-B50P200	1	〃
〃	12 V 1 A，AD-K120P100	1	〃
発光ダイオード	直径 5 mm 砲弾型赤色	63	〃
ブレッドボード	サンハヤト SAD-101	2	千石電商
トランジスター	2SA1015	2	秋月電子通商
〃	2SC1815	2	〃
トランジスターアレイ	TD62003APG	1	〃
抵抗	4.7 kΩ 1/4 W	6	〃
〃	220 Ω 1/4 W	5	〃
〃	120 Ω 1/4 W	3	〃
押しボタンスイッチ	タクトスイッチ 2本足のもの	2	〃
12 V 接続用コネクター	φ2.1 mm 標準 DC ジャック⇔スクリュー端子台 RJ-53	1	〃
木材	160×130 mm，厚さ 2 mm 合板	1	LED 取り付け用
〃	35×170 mm，厚さ 8 mm	1	支柱用
〃	200×140 mm，厚さ 20 mm	1	台
配線材料	0.5～0.6 mm 被覆線	3 m	7 セグメント表示器用
ジャンプワイヤー	サンハヤト SKS-390	一式	千石電商

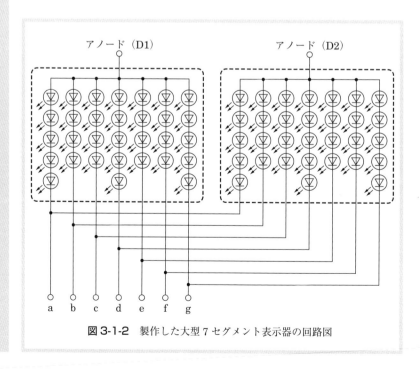

図 3-1-2 製作した大型 7 セグメント表示器の回路図

ドライブしています。GPIOの出力を"H"とすると，2SA1015がオンとなり，選択された桁のアノードに12Vが供給されます。

どのセグメントを点灯させるかは，各セグメントに接続されているGPIO出力の組み合わせにより決まります。GPIOの電流は8mA（定格）ですので，直接各セグメントと接続するのは過電流となるため，7チャネルのトランジスターアレイのTD62003APGを使用しています。このICはインバーターですので，GPIOの出力を"H"とするとTD62003APGの出力が"L"となり，目的のセグメントに電流が流れて発光します。TD62003APGのピン配置図を図3-1-3に示します。

写真3-1-1 φ2.1mm標準DCジャック⇔スクリュー端子台

図3-1-3 TD62003APGのピン配置図

3-1-3 製 作

最初に，7セグメント表示器を製作します。LEDの数が多いことから焦らずしっかりと作りましょう。横160×縦130×厚さ2mmの合板を切り出し，黒く塗装しておき，図3-1-4に示すようにLEDの取り付け位置の型紙を合板に貼り付けます。LEDリード線用の穴あけ位置に先の尖った千枚通しやコンパスの針や1mm程度のドリルなどで丁寧に穴をあけます。板厚が薄いので筆者はコンパスの針の部分であけることができました。穴あけの様子を写真3-1-2に示します。一つのLEDで2個の穴をあけますので，合計124個の穴をあけることになります。穴の位置がずれると表示したときの文字がゆがみますので慎重にあけてください。一つのLEDの穴の間隔は2.5mmとします。

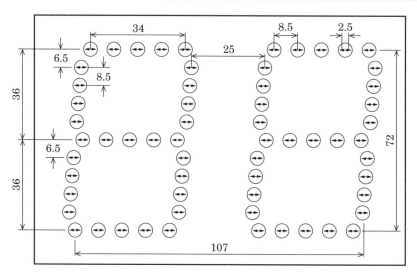

図 3-1-4　LED 取り付け図（単位：mm）

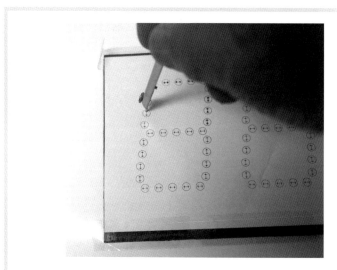

写真 3-1-2　LED リード線用の穴あけの様子

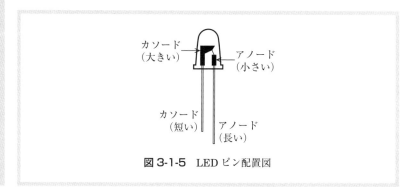

図 3-1-5　LED ピン配置図

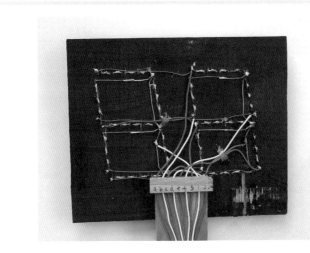

写真 3-1-3 ビンゴゲーム番号表示機の裏面の配線の様子

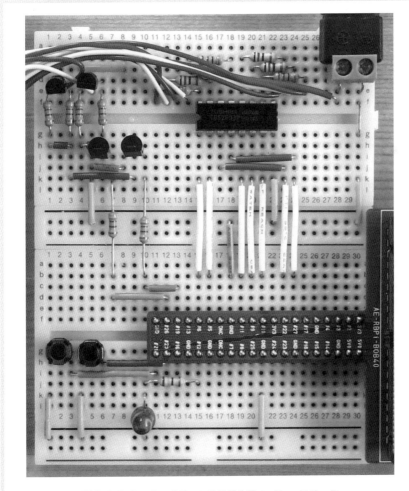

写真 3-1-4 ビンゴゲーム番号発生機のブレッドボード

この穴にLEDのリード線を挿し込んで裏側で折り曲げ，仮固定しておきます。LEDのアノードとカソードの方向を合わせておくとあとの配線が楽になりますので，間違えないようにしてください。図3-1-5のようにリード線が幾分長いほうがアノードです。

全てのLEDを挿し終えたら，それぞれのセグメントのLEDを図3-1-2に示すように直列に接続し，1位と10位の桁の同じセグメント同士を接続後，0.5〜0.6 mmの単線をハンダ付けし，ブレッドボードと接続できるようにします。2本のアノード線もブレッドボードと接続できるよう配線を延しておきます。写真3-1-3の裏側に配線の様子を示します。配線が終了した表示部に35×170 mm，厚さ8 mm程度の板で

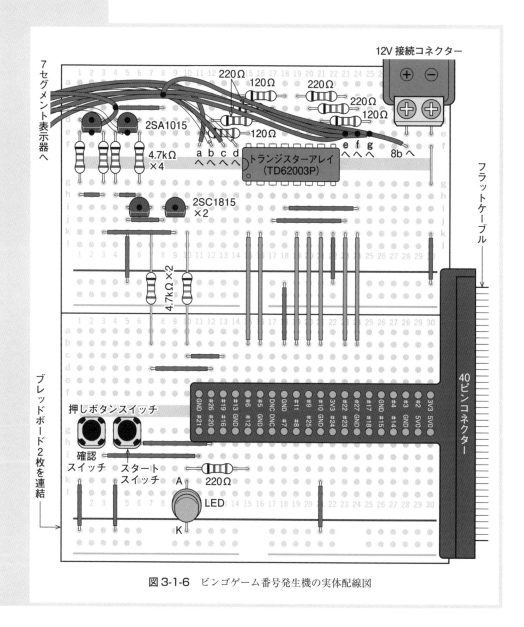

図3-1-6　ビンゴゲーム番号発生機の実体配線図

支柱を接着し，それを 200×140 mm，厚さ 20 mm の台に木ネジで固定します。その台にブレッドボードを両面テープで固定し，Raspberry Pi もケースに両面テープで貼り付けます。

ブレッドボードの製作は，写真 3-1-4 と図 3-1-6 を参照して間違いがないよう配線してください。LED の取り付け面を写真 3-1-5，表示しているところを写真 3-1-6 に示します。また完成した本機を写真 3-1-7 に示します。

写真 3-1-5 ビンゴゲーム番号表示機の前面

写真 3-1-6 ビンゴゲーム番号表示機が点灯している様子

写真 3-1-7　ビンゴゲーム番号表示機の全体

3-1-4　プログラム

　ビンゴゲーム番号発生機のプログラムリストの各関数の概要は以下のとおりです。

・disp_bingo_number

　番号を発生させるスイッチ（スタートスイッチ）と，これまで発生した番号の確認スイッチが押されるのを待つループを繰り返していて，この間に直前に発生させた番号を表示します。スタートスイッチが押されると乱数の発生を50回繰り返し高速で表示し，その後さらに一つの乱数を発生し，その乱数がこれまで発生した番号であるかを調べます。もし，すでに発生した番号であれば再度乱数を発生させ，これもすでに発生させたものかを調べ，まだ出ていない番号であれば，これをビンゴの番号として表示します。

　この表示を5回点滅したあとに表示し続け，この番号をすでに発生したメモリーに格納しておきます。この処理を75回まで実行すると1～

75の番号の全てを出しきったことになり，終了を示す「Ed」※を表示し，それ以降はスタートスイッチは無効とし，確認スイッチのみを有効とします。

※ End の意味。

これまで発生した番号を確認したいときは，確認スイッチを押すと，発生済みの番号を順次表示し，最後に出た番号まで表示したらスタートスイッチ，または確認スイッチの入力待ちとなります。この機能によりビンゴ大会の途中でも，これまで出た番号を確認することができます。スタートスイッチと確認スイッチを同時に押すと，プログラムを終了しOS に戻ります。

・disp_msg

　プログラムがスタートとしたことを示す「――」と，終了を示す「Ed」を表示する処理で，どれを表示するかは引数により決まります。

・disp_data

　番号の表示処理で，引数で渡された番号を 10 で割り，商を 10 位の所に，余りを 1 位の所に表示します。どのような表示をするかについても引数で渡されます。

・disp

　どの桁に 0 ～ 9 までのどれを表示するかを引数で渡され，該当する桁に該当する番号を表示します。

・erase_led

　全ての 7 セグメントの表示器の表示を消去する処理です。

・init

　LED やスイッチにつながる GPIO を出力や入力に設定し，乱数の初期化を行います。この初期化は，システムが管理している時刻情報（通し秒）を現在時刻に変換し，その秒を使用して乱数を初期化します。

・main

　Raspberry Pi の GPIO のセットアップ，GPIO の初期化関数をコールし，これらの準備が完了したことを示す「― ―」を表示した後，ビンゴの番号の発生と表示処理をコールします。

3-1-5　操　作

　Raspberry Pi に電源を入れると，7 セグメント表示器に「― ―」が 4 秒ほど表示し，それが消灯後，準備完了の LED が点灯し，スタートスイッチが押されるのを待ちます。スタートスイッチを押すと高速で乱数が 50 回点灯後，ビンゴ用の番号が表示されます。この間は，準備完了 LED は消灯し，スタートスイッチは受け付けられません。つまり，スタートスイッチが有効なのは，準備完了 LED が点灯しているときの

みです。

　確認スイッチを押すと，これまでに発生した番号を順次表示しますので，確認をすることができます。75個の番号（1～75）の全てを出し尽くすと「Ed」を表示し，それ以降は確認スイッチのみが有効となります。プログラムを終了したいときは，スタートスイッチと確認スイッチを同時に押します。

▶ ビンゴゲーム番号発生機のプログラムリスト

```
//*****************************************************************************
//** Program Name : bingo.c
//** Description  : ビンゴの番号表示器
//** Include file : wiringPi.h time.h
//** Compile      : cc -o bingo bingo.c -lwiringPi
//*****************************************************************************
#include <wiringPi.h>        // wiringPi のヘッダーファイルをインクルード
#include <time.h>            // time のヘッダーファイルをインクルード
#define on            1
#define off           0
#define a             6          // a セグメントの GPIO
#define b             5          // b セグメントの GPIO
#define c             22         // c セグメントの GPIO
#define d             27         // d セグメントの GPIO
#define e             11         // e セグメントの GPIO
#define f             9          // f セグメントの GPIO
#define g             10         // g セグメントの GPIO
#define start_sw      21         // スタートスイッチの GPIO
#define confirm_sw    20         // 確認スイッチの GPIO
#define sw_on         0          // スタートスイッチのオンの状態
#define stop_pin      23         // 停止ピンの GPIO
#define ready_led     12         // 準備完了 LED の GPIO
char digit_pin[2] = {19,26} ;    // デジット選択の GPIO デジット 1,2 の順
char seg_dt[13][8] = {           // 7 セグメント表示器セグメントデータ
            { a,b,c,d,e,f,0,0},    // 0
            { b,c,0,0,0,0,0,0},    // 1
            { a,b,d,e,g,0,0,0},    // 2
            { a,b,c,d,g,0,0,0},    // 3
            { b,c,f,g,0,0,0,0},    // 4
            { a,c,d,f,g,0,0,0},    // 5
            { a,c,d,e,f,g,0,0},    // 6
            { a,b,c,f,0,0,0,0},    // 7
            { a,b,c,d,e,f,g,0},    // 8
            { a,b,c,d,f,g,0,0},    // 9
            { a,d,e,f,g,0,0,0},    // E
            { b,c,d,e,g,0,0,0},    // d
            { g,0,0,0,0,0,0,0}};   // -
int updt = 0 ;
int disp_count ;
char bingo_number[80] ;                  // 既出の番号格納場所
char number_postion = 0 ;

//*********************************************************
```

```c
// 全ての表示を消去
//*********************************************************************
void erase_led(){
        int i ;
        digitalWrite(digit_pin[0],off) ;         // デジット1のGPIOに"L"を出力
        digitalWrite(digit_pin[1],off) ;         // デジット2のGPIOに"L"を出力
        for(i=0; i<=6; i++)                      // 全てのセグメントのGPIOに"L"を出力
                digitalWrite(seg_dt[8][i],off) ;
}

//*********************************************************************
// 7セグメント表示器に数字を表示
//*********************************************************************
void disp_dt(char digit,char disp_dt){
        int i ;
        erase_led() ;                            // 全ての表示を消去
        delay(2) ;
        digitalWrite(digit_pin[digit-1],on) ;
                                                 // 指定されたデジットのGPIOに"H"を出力
        i=0 ;
        while(seg_dt[disp_dt][i] != 0)           // セグメントデータが0になるまで繰り返す
                digitalWrite(seg_dt[disp_dt][i++],on);
                                                 // 該当するセグメントデータのGPIOに"L"を出力
}

//*********************************************************************
// 発生した乱数を表示
//*********************************************************************
void disp_num(int m,int delay_ms,int mode,int count){
        disp_dt(1,m/10) ;                        // 引数で渡されたmを10で割り，商をデジット1へ
        delay(delay_ms) ;
        disp_dt(2,m%10) ;                        // 引数で渡されたmを10で割り，余りをデジット2へ
        delay(delay_ms);
        if(mode){                                // modeが1か
                updt++ ;
                if(updt >= count){               // updtとcountが等しいか
                        updt = 0 ;               // 等しい場合の処理
                        disp_count++ ;
                        erase_led() ;            // 全ての表示を消去
                        delay(500) ;             // 500ミリ秒休止
                }
        }
}

//*********************************************************************
// 7セグメント表示器に負"――"または"Ed"を表示
//*********************************************************************
void disp_msg(int msg1,int msg2){
        int i ;
        digitalWrite(ready_led,off) ;            // 準備完了LEDを消灯
        for(i=0; i<500; i++){
                disp_dt(1,msg1) ;                // デジット1を表示
                delay(4) ;                       // 4ミリ秒休止
                disp_dt(2,msg2) ;                // デジット2を表示
```

```c
                delay(4) ;
        }
        erase_led() ;                              // 全ての表示を消去
}

//***********************************************************************
// 乱数を発生
//***********************************************************************
int disp_bingo_number(){
        int i ;
        int flag ;
        int random_number ;
        flag = 99 ;
        digitalWrite(ready_led,on) ;               // 準備完了LEDを点灯
        while(1){
                if(flag != 999){
                        if(digitalRead(stop_pin) == 0)
                                                   // ストップピンが"L"ならプログラム終了
                                return(1) ;
                        if(flag != 99){            // 起動時は表示しない
                                disp_num(random_number,4,0,5) ;
                                                   // 表示関数をコール
                                digitalWrite(ready_led,on) ;
                                                   // 準備完了LEDを点灯
                        }
                        if(digitalRead(start_sw) == sw_on){
                                                   // スタートスイッチが押されたか
                                digitalWrite(ready_led,off) ;
                                                   // 準備完了LEDを消灯
                                for(i=0; i<50; i++){   // 0～75の乱数を高速で表示
                                        random_number = rand()%76 ;
                                                   // 0～75の乱数を発生
                                        disp_num(random_number,50,0,5) ;
                                                   // 表示関数をコール
                                }
                                while(1){
                                        random_number = rand()%76 ;
                                                   // 0～75の乱数を発生
                                        if(random_number == 0)
                                            continue ;
                                        for(i=flag=0; i<= 75; i++){
                                                   // すでに発生済みか確認
                                                if(random_number == bingo_number[i])
                                                    flag = 1 ;   // すでに発生済み
                                        }
                                        if(flag == 0)          // 新しい番号
                                            break ;
                                }
                                bingo_number[number_postion++] = random_number ;
                                                   // 発生した番号を保存
                                disp_count = 0 ;
                                while(disp_count < 5){
                                    if(digitalRead(stop_pin) == 0)
                                                   // ストップピンが"0"か
```

```c
                                        return(1) ;            // プログラム終了
                                disp_num(random_number,4,1,50) ;
                                                               // 表示関数をコール
                            }
                            if(number_postion == 76){
                                                // 発生した番号が75個ならプログラム終了
                                for(i=0; i<400; i++)
                                    disp_num(random_number,4,0,50) ;
                                disp_msg(10,11) ;              // display "Ed"
                                flag = 999 ;
                            }
                        }
                    }
                    if(digitalRead(confirm_sw) == sw_on){   // 確認スイッチが押されたか
                        digitalWrite(ready_led,off) ;       // 準備完了LEDを消灯
                        disp_count = 0 ;
                        while(bingo_number[disp_count] != 255)
                                                            // すでに発生したものまで表示
                            disp_num(bingo_number[disp_count],4,1,150) ;
                                                            // 表示関数をコール
                    }
                    if(digitalRead(confirm_sw) == sw_on && digitalRead
                                                          (start_sw) == sw_on)
                        return(1) ;
            }
}
//***************************************************************
// 初期化
//***************************************************************
int init(){
        int i ;
        time_t timer ;                        // タイマーの構造体
        struct tm *t_st ;
        time(&timer) ;                        // 乱数発生の初期化のため時間を使用
        t_st=localtime(&timer) ;              // システム時刻を求める
        srand(t_st->tm_sec) ;                 // 秒の値で乱数の初期化
        if(wiringPiSetupGpio() == -1)         // GPIOのセットアップ
                return(-1) ;                  // エラーのときは-1を返す
        pinMode(ready_led,OUTPUT) ;           // 準備完了LEDのGPIOを出力に設定
        digitalWrite(ready_led,on) ;          // 準備完了LEDを点灯
        pinMode(stop_pin,INPUT) ;             // ストップピンのGPIOを入力に設定
        pinMode(start_sw,INPUT) ;             // スタートピンのGPIOを入力に設定
        pinMode(confirm_sw,INPUT) ;           // 確認ピンのGPIOを入力に設定
        pullUpDnControl(start_sw,PUD_UP);     // プルアップ
        pullUpDnControl(confirm_sw,PUD_UP);   // プルアップ
        pullUpDnControl(stop_pin,PUD_UP);     // プルアップ
        delay(10) ;
        for(i=0; i<2; i++)
                pinMode(digit_pin[i],OUTPUT) ; // デジットのGPIOを出力に設定
        for(i=0; i<7; i++)
                pinMode(seg_dt[8][i], OUTPUT); // セグメントのGPIOを出力に設定
        for(i=0; i<79 ;i++)                    // 番号保存場所の初期化 255を格納
                bingo_number[i] = 255 ;
```

```
                return(1) ;
        }

//**********************************************************************
// メイン
//**********************************************************************
int main(void) {
        if(init() == -1)                        // 初期化処理をコールし戻り値が-1のときはプログラム終了
                        return(1) ;
        disp_msg(12,12) ;                       // プログラムのスタート  "ーー"を表示する関数をコール
        disp_bingo_number();
        disp_msg(10,11) ;                       // プログラムの終了  "Ed"を表示する関数をコール
        return(1);
}
```

3-2 クリスマスツリー

　テーブルの上で色とりどりに輝くクリスマスツリーを製作します。特筆する機能はありませんが，赤，緑，青，黄，そしてRGBの三原色を発色できるLEDなどを使用し，いろいろな点滅の仕方で見ていて楽しくなるクリスマスツリーです。

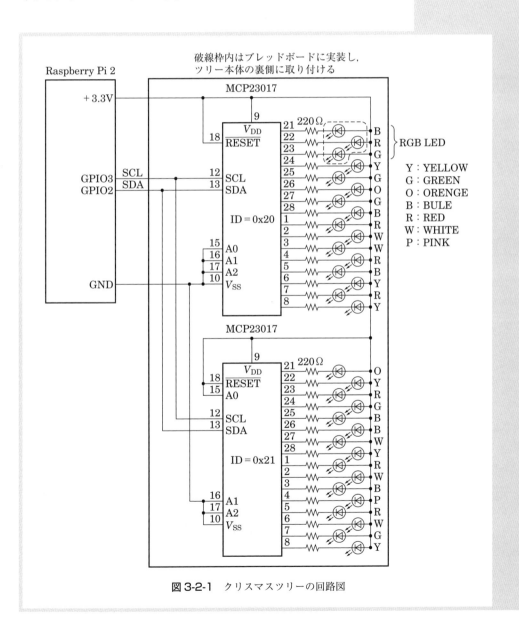

図 3-2-1　クリスマスツリーの回路図

3-2-1 回路

本機の回路図を図3-2-1に,また使用部品表を表3-2-1に示します。全部で29+3(RGB LEDのため三つのGPIOを占有)で32個のLEDを点滅する回路ですが,Raspberry Pi 2のModel BのGPIOの数は26のため,32個のLEDを接続することは不可能です。また,最大の26とした場合は,Raspberry Piとツリー間の配線数が多く複雑になります。

そこで登場するのがI/Oエクスパンダー(MCP23017)です。このICは,足りないI/Oポートを増やしたり,目的の所までの配線数を減らしたりする場合に便利に使用できます。

Raspberry Piとの接続はI^2Cインターフェイスですので,データ線,クロック線,電源線とGNDの4本で制御が可能です。なお,一つのICで16本のI/Oポートを増設できます。

MCP23017は28ピンのDIP(Dual Inline Package)で,外観を写真3-2-1に,ピン配置を図3-2-2に示します。

この16本のI/Oポートは,入力または出力に設定することができ,

表3-2-1 使用部品表

部品名	規格	数量	備考
ラズベリーパイ本体	Raspberry Pi 2	1	秋月電子通商
AC電源アダプター	5 V 2 A,AD-B50P200	1	〃
ジャンプワイヤー	オス・メス	8	〃
I/Oエクスパンダー	MCP23017	2	〃
ブレッドボード	サンハヤト SAD-101	2	千石電商
発光ダイオード	直径5 mm 各色	29	秋月電子通商
〃	直径5 mm RGB	1	〃
抵抗	220 Ω 1/4 W	32	〃
配線材料	ジャンプワイヤー	一式	〃
〃	ジャンプワイヤー オス・メス	8	〃
〃	0.5 mm 細線	1 m	LED配線用
木材	合板 200×400×3 mm	1	本体
〃	85×15×10 mm	1	ブレッドボード取り付け桟
〃	120×85×35 mm	1	台
熱収縮チューブ	直径3 mm	1 m	抵抗保護カバー用

写真3-2-1 16ビットI^2C I/OエクスパンダーMCP23017

図 3-2-2 I/O エクスパンダー MCP23017 のピン配置図

本機は 2 個の MCP23017 を使用しており，その全てを出力に設定しますので，合計で 32 の I/O ポートが増設できます。I^2C の ID は A0, A1, A2 の 3 ビットで設定することができます。A0, A1, A2 を全て GND に接続すると 0x20 となり，A0 を電源に接続すると 0x21 となり，本機はこの二つの ID を使用しています。A0, A1, A2 の組み合わせと ID の関係を表 3-2-2 に示します。

表 3-2-2 アドレスと ID の関係

ID	A2	A1	A0
0x20	L	L	L
0x21	L	L	H
0x22	L	H	L
0x23	L	H	H
0x24	H	L	L
0x25	H	L	H
0x26	H	H	L
0x27	H	H	H

3-2-2 製作

ツリーの形となる型紙（写真 3-2-2）を作ります。A3 用紙を縦位置で二つ折りにし，ここにツリー本体の半分を描きカッターナイフやハサミで切り抜き，それを広げると左右対称のツリーの型紙が完成します。ツリーの形状は写真を参考に好みにより決めてください。この型紙に 30 個の LED の配置も描きます。型紙の輪郭を厚さ 3 mm の合板に写し取り，それに沿ってカッターナイフや糸鋸で切り抜くとツリーの原型が出来上がります。大きさは最大横幅 200 mm，高さ 400 mm となります。

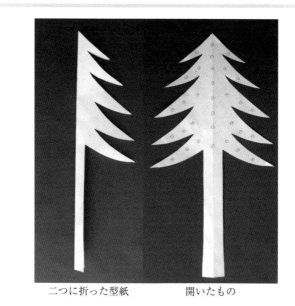

二つに折った型紙　　　　開いたもの

写真 3-2-2　クリスマスツリーの型紙

　木の雰囲気を出すため緑色に塗装しますが，塗料は 100 円ショップで緑色の水性のペイントが購入でき，これに少し黒色を混ぜるとさらに木の雰囲気がアップします。また雪の雰囲気を出すため，白色の塗料をわずかにかけるとよりクリスマスツリーらしくなります。歯ブラシや腰の強い筆などに白い塗料を含めて，これを網や細い棒でこすると塗料が飛び散り，雪の雰囲気となります。

　塗装が完全に乾いたら，型紙を貼り付け LED の穴あけをします。先の尖った千枚通しやキリ，コンパスの針などで LED を挿し込めるように 2.5 mm 間隔の穴をあけます。ここに LED を挿し込み，抜けないよう裏側でリード線を折り曲げておきます。それぞれの色の配置は同じ色が近くにならないようにして，30 個のアノードを全て接続し，これを＋ 3.3V に接続します。

　各 LED の色と MCP23017 との接続は，写真 3-2-3 を参照してください。LED には色と MCP23017 の接続ピン番号が示されています。例えば，B ⇒ 28 と記載されたものは，ブルー（Blue）の LED で MC23017 の 28 ピンに接続することを意味しています。

　各 LED のカソードは，220 Ω の電流制限抵抗を直列に接続して MCP23017 の該当ピンに接続します。配線がふらつかないように"ホットボンド"で固定しておきます。2 個の MCP23017 はブレッドボード 1 枚にセットし，それをツリー本体の裏側に取り付けています。取り付け方法は，2 本の桟（木材，85 × 15 × 10 mm）をツリー本体裏側に接着し，

写真 3-2-3 LED を取り付けたクリスマスツリー

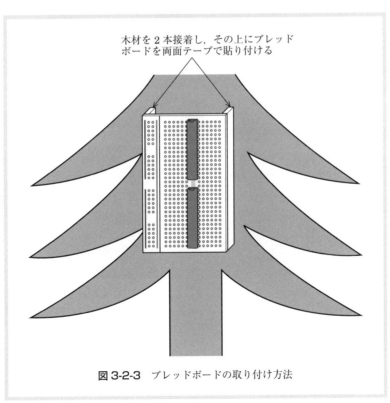

図 3-2-3 ブレッドボードの取り付け方法

これにブレッドボードを両面テープで貼り付けます．図3-2-3を参照してください．クリスマスツリーを垂直に立てるため，幅120×奥行き85 mm，厚さ35 mm程度の板に木ネジで固定します．

Raspberry Piとブレッドボードとの接続は，片側がオス，反対側がメスのジャンプワイヤーを2本接続して長くし，Raspberry Piの拡張ピンのGPIO2，GPIO3，3.3 Vの電源とGNDに挿し込みます．

ブレッドボードの配線は，写真3-2-4と図3-2-4を参照してください．ツリーに付けたブレッドボードを写真3-2-5，LEDイルミネーション点灯の様子を写真3-2-6に示します．

写真3-2-4 クリスマスツリーのブレッドボード
（上下の各ICはI/OエクスパンダーMCP23017）

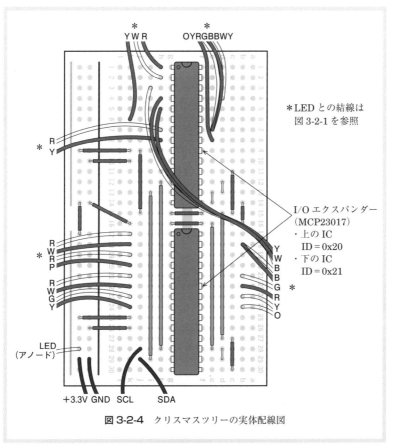

図 3-2-4 クリスマスツリーの実体配線図

写真 3-2-5 クリスマスツリーの裏側

写真 3-2-6 LED イルミネーションが点灯している様子

3-2-3 プログラム

・led_control

引数が1のとき全てのLEDを消灯し，0のときは全てのLEDを点灯します。

・seq

LEDを上から順番50ミリ秒点灯，50ミリ秒消灯する動作を3回繰り返します。

・flash

全ての LED を 500 ミリ秒点灯，500 ミリ秒消灯する動作を 10 回繰り返します。

・high_speed_flash

全ての LED を 50 ミリ秒点灯，50 ミリ秒消灯する点滅動作を 40 回繰り返します。

・time_change

点滅する間隔を 30 段階に変化させます。

・random

乱数で点灯する関数をコールし，300 ミリ秒の間，該当の LED を点灯したあとに消灯します。

・random_on

65535 までの乱数を発生させ，最下位ビットが 1 なら該当する LED を点灯します。その後，発生した乱数を右に 1 ビットシフトし，さらに最下位ビットを調べる動作を 16 回実行します。

・init

システム時刻の秒を利用して乱数の初期化をします。GPIO の初期化を実行し，エラーのときは－1 を返します。I/O エクスパンダーの MCP23017 の初期化と，その全ての GPIO を出力に設定します。

・main

初期化関数をコールし，戻り値が－1 のときはプログラムを終了します。0～4 までの乱数を発生し，その値により点滅方式を選択して該当する関数をコールするループを繰り返します。何らかの理由で OS（オペレーティングシステム）に戻りたいときは，GPIO23 と GND をジャンプワイヤーなどで接続するとプログラムは停止します。

▶ クリスマスツリーのプログラムリスト

```
//*************************************************************************
//** Program Name : xtree.c
//** Description  : クリスマスツリー
//** Used library : wiringPi.h mcp23017.h time.h
//** Compile      : cc -o xtree xtree.c -lwiringPi
//*************************************************************************
#include <wiringPi.h>              // wiringPi のヘッダーファイルをインクルード
#include <mcp23017.h>              // MCP23017 のヘッダーファイルをインクルード
#include <time.h>                  // time のヘッダーファイルをインクルード
#define on                          0
#define off                         1
#define address_MCP23017_0         0x20    // MCP23017 No.1 のアドレス
#define address_MCP23017_1         0x21    // MCP23017 No.2 のアドレス
#define offset_address0            100     // MCP23017 No.1 のオフセットアドレス
```

```c
#define offset_address1            200         // MCP23017 No.2のオフセットアドレス
#define stop_pin                    23         // 停止ピンのGPIO
//*********************************************************************
// 32個のLEDを制御
//*********************************************************************
void led_control(int cont){
        int i ;
        for(i=0; i<16; i++){                    // 16個のLEDを制御
                digitalWrite(offset_address0+i,cont) ;
                                                // MCP23017 No.1のLEDを点灯または消灯
                digitalWrite(offset_address1+i,cont) ;
                                                // MCP23017 No.2のLEDを点灯または消灯
        }
}

//*********************************************************************
// LEDをシーケンシャルに点灯
//*********************************************************************
void seq(){
        int i ;
        int j ;
        for(i=0; i<3; i++){                     // 3回繰り返す
                for(j=0; j<16; j++){
                        digitalWrite(offset_address0+j,on) ;
                                                // MCP23017 No.1のLEDを点灯
                        delay(50) ;             // 50ミリ秒休止
                        digitalWrite(offset_address0+j,off) ;
                                                // MCP23017 No.1のLEDを消灯
                }
                for(j=0; j<16; j++){
                        digitalWrite(offset_address1+j,on) ;
                                                // MCP23017 No.1のLEDを点灯
                        delay(50) ;             // 50ミリ秒休止
                        digitalWrite(offset_address1+j,off) ;
                                                // MCP23017 No.1のLEDを消灯
                }
        }
        for(i=0; i<3; i++){                     // 逆方向に3回繰り返す
                for(j=15; j>=0; j--){
                        digitalWrite(offset_address1+j,on) ;
                                                // MCP23017 No.1のLEDを点灯
                        delay(50) ;             // 50ミリ秒休止
                        digitalWrite(offset_address1+j,off) ;
                                                // MCP23017 No.1のLEDを消灯
                }
                for(j=15; j>=0; j--){
                        digitalWrite(offset_address0+j,on) ;
                                                // MCP23017 No.1のLEDを点灯
                        delay(50) ;             // 50ミリ秒休止
                        digitalWrite(offset_address0+j,off) ;
                                                // MCP23017 No.1のLEDを消灯
                }
        }
```

```
}
//*****************************************************************
// 全てのLEDを1秒間隔で点滅
//*****************************************************************
void flash(){
        int i ;
        for(i=0; i<10; i++){                    // 全てのLEDの点滅を10回繰り返す
                led_control(on) ;               // LED点灯
                delay(500) ;                    // 500ミリ秒
                led_control(off) ;              // LED消灯
                delay(500) ;                    // 500ミリ秒
        }
}

//*****************************************************************
// 全てのLEDを0.1秒間隔の高速で点滅
//*****************************************************************
void high_speed_flash(){
        int i ;
        for(i=0; i<40; i++){                    // 全てのLEDの点滅を40回繰り返す
                led_control(on) ;               // LED点灯
                delay(50) ;                     // 50ミリ秒
                led_control(off) ;              // LED消灯
                delay(50) ;                     // 50ミリ秒
        }
}

//*****************************************************************
// 全てのLEDの点滅間隔を変化させ点滅
//*****************************************************************
void time_change(){
        int i ;
        int j = 20 ;
        for(i=0; i<30; i++){                    // 全てのLEDの点滅を40回繰り返す
                led_control(on) ;               // LED点灯
                delay(j) ;                      // 500ミリ秒
                led_control(off) ;              // LED消灯
                delay(j) ;                      // 500ミリ秒
                j += 20 ;                       //jに20を加える
        }
}

//*****************************************************************
// 全てのLEDの点滅間隔を変化させ点滅
//*****************************************************************
void random(){
        int i ;
        for(i=0; i<20; i++){                    // 乱数による点滅を40回繰り返す
                random_on(offset_address0) ;    // MCP23017 No.1のLEDを乱数で点灯
                random_on(offset_address1) ;    // MCP23017 No.2のLEDを乱数で点灯
                delay(300) ;                    // 300ミリ秒休止
                led_control(off) ;              // 全てのLEDを消灯
        }
```

```c
}
//********************************************************************
// 乱数でLEDを点灯
//********************************************************************
int random_on(int adrs){
//void random_on(int adrs){
        int i ;
        int random_num ;
        random_num=rand() % 0x10000 ;              // 65535までの乱数を発生
        for(i=0; i<16; i++){                        // 16回繰り返す
                if((random_num & 0x01) == 0x01)     // 乱数の最下位ビットは1か
                        digitalWrite(adrs+i,on) ;   // LEDを点灯
                random_num = random_num >> 1 ;      // 乱数を右へ1ビットシフト
        }
}

//********************************************************************
// 初期化
//********************************************************************
int init(){
        int i ;
        time_t timer ;                              // タイマーの構造体
        struct tm *t_st ;
        time(&timer) ;                              // 乱数発生の初期化のため時間を使用
        t_st=localtime(&timer) ;                    // システム時刻を求める
        srand(t_st->tm_sec) ;                       // 秒の値で乱数の初期化
        if(wiringPiSetupGpio() == -1)               // GPIOのセットアップ
                return(-1);                         // エラーのときは-1を返す
        pinMode(stop_pin,INPUT) ;                   // ストップピンのGPIOを入力に設定
        pullUpDnControl(stop_pin,PUD_UP);           // プルアップ
        mcp23017Setup(offset_address0,address_MCP23017_0);
                                                    // MCP23017 No.1をセットアップ
        mcp23017Setup(offset_address1,address_MCP23017_1);
                                                    // MCP23017 No.2をセットアップ
        for(i=0; i<16; i++){
                pinMode(offset_address0+i,OUTPUT) ; // MCP23017を全て出力に設定
                pinMode(offset_address1+i,OUTPUT) ;
        }
        return(1) ;
}

//********************************************************************
// メイン
//********************************************************************
int main(void) {
        int random_num ;
        if (init() == -1)           // 初期化処理をコールし戻り値が-1のときはプログラム終了
                return(1) ;
        while(digitalRead(stop_pin) != 0){  // ストップピンが"L"でない間繰り返す
                random_num=rand() % 0x05 ;  // 0～4までの乱数を発生
                switch(random_num) {        // 発生した乱数で点灯方法を振り分け
                        case 0:seq() ;      // 0のときはシーケンシャル点灯
                                break;
```

```
                        case 1 :flash() ;              // 1のときは1秒間隔で点滅
                                break ;
                        case 2:time_change() ;         // 2のときは点滅間隔が変化
                                break ;
                        case 3:random() ;              // 3のときは乱数による点灯
                                break;
                        case 4:high_speed_flash() ;    // 4のときは高速点滅
                                break ;
                }
        }
        led_control(off) ;                             // 全てのLEDを消灯
        return(1) ;
}
```

3-3 「ありがとうございます」表示機

お店でお客さんに感謝の意を表す方法は，言葉で「ありがとうございます」と伝えますが，本機はこれと同時に文字を使って「ありがとうございます」と表示できるものです．表示内容は，文字を替えることにより「いらっしゃいませ」，「Welcome!!」，「本日は閉店しています」などにアレンジすることができます．

3-3-1 機　能

文字を書いたフィルムの裏側に取り付けた 10 個の白色 LED をいろいろな表示方法で順次点灯させ，遠くからでも認識できるメッセージボックスです．

押しボタンスイッチをオンとすると，次の表示方法で「ありがとうございます」が表示され，①から④までの一連の表示が終了すると，スタートスイッチが押されるのを待ちます．

① 「あ」→「り」→「が」→「と」→「う」→「ご」→「ざ」→「い」→「ま」→「す」と，順次約 0.3 秒おきに点灯
② 全体が 0.5 秒で 10 回点滅
③ 全体が 0.05 秒の高速で 20 回点滅
④ 全体が 5 秒間点灯し，その後消灯

表示する内容を「いらっしゃいませ」や「Welcome!!」とするときは，人感センサー（PIR※センサー）と連動させると，入口に人が近づいたときに起動させることができます．

お店の閉店を示す場合は，表示内容を「本日は閉店しています」とし，①から④を連続に繰り返すようにプログラムを一部変更します．

3-3-2 回　路

本機の回路図を図 3-3-1 に，使用部品表を表 3-3-1 に示します．10 個の白色 LED を Raspberry Pi の GPIO に直接接続して点灯させるためには，電源線を含めて 11 本の配線が必要となり，これでは配線が複雑となります．そこで，本機は I/O エクスパンダー MCP23017 の IC を使用し，表示部と Raspberry Pi とは，I²C により接続し，電源線を含めて 4 本として，配線をすっきりとさせました．MCP23017 は 3-2 節

※ PIR：Passive Infra-Rde．赤外線感知．

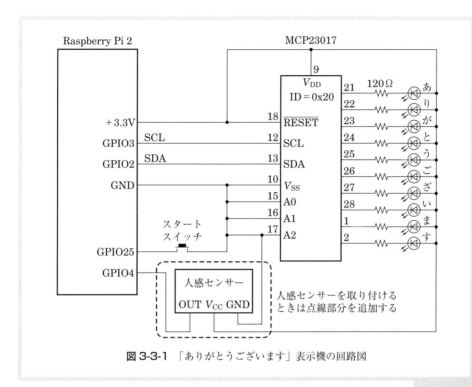

図 3-3-1 「ありがとうございます」表示機の回路図

を参照してください。

　10個のLEDのアノード端子は全て共通として+3.3Vに接続し，それぞれのLEDのカソードは，120Ωの抵抗を介してMCP23017の出力ポートに接続します。MCP23017の出力電流は最大で25mA取れることからLEDを直接駆動することができます。電源電圧は，Raspberry Piの拡張端子の3.3Vを使用しています。

　人が近づいたときに本機が動作するように機能させるには，人感センサー（PIRセンサー Parallax RevB（#555-28027）をGPIO4に接続し，同センサーからの信号により割り込みを発生させて一連の表示や点滅の動作を実行します。

3-3-3　製　作

　35×35mmの小さなボックスが10個，横に並んだものにそれぞれの白色LEDを取り付け，このボックスの表面に透明フィルムに「ありがとうございます」と印刷したものを貼り付け，LEDを点灯すると文字が浮かび上がるようにします（写真3-3-1）。5mm厚のシナベニヤを図3-3-2のように切り出し，木工用ボンドで貼り合わせ，仕切りのある箱を作り，35×35mmのセパレーターを35mmおきに接着します。この小さなボックスの中心にLEDの取り付け穴を5mmのドリルであけて，光をよく反射するよう内部を白く塗り，乾いたらLEDを挿し込み，

表 3-3-1　使用部品表

部　品　名	規　　格	数量	備　　考
ラズベリーパイ本体	Raspberry Pi 2	1	秋月電子通商
AC 電源アダプター	5 V 2 A，AD-B50P200	1	〃
発光ダイオード	直径 5 mm 砲弾型白色 OSW54K5B61A	10	〃
LED 光拡散キャップ	5 mm	10	〃
ブレッドボード	ミニブレッドボード BB601	1	〃
抵抗	120 Ω 1/4 W	10	〃
押しボタンスイッチ	パネル用	1	〃
アクリルケース	117 (W) × 28 (H) × 84 (D) mm	1	〃
ピンソケット	40P (5P と 2P に分割)	1	〃
ピンヘッダー	40P (5P に分割)	1	〃
熱収縮チューブ	直径 1.5 mm	1m	〃
木材	160 × 130 mm，厚さ 2 mm 合板	1	DIY 店
〃	35 × 170 mm，厚さ 8 mm	1	〃
〃	200 × 140 mm，厚さ 20 mm	1	〃
吸盤	直径 40 mm	2	〃
ネジ	2.6 mm 長さ 15 mm	4	〃
ナット	2.6 mm	4	〃
ワッシャー	2.6 mm	4	〃
スペーサー	長さ 3 mm	4	千石電商
配線材料	ジャンプワイヤー	一式	〃
〃	LED 接続用 0.5 mm	2 m	〃
〃	4 芯ケーブル	5 m	表示部との接続用

人感センサーを取り付けるときの部品

人感センサー	Parallax PIR センサー　RevB #555-28027	1	秋月電子通商

写真 3-3-1　文字フィルムを貼った表示ボックス

写真 3-3-2　乳白色のシートを貼ったボックス

接着剤で固定します。LEDのカソード側に120Ωの電流制限抵抗を取り付け，また，LEDの光をなるべく広く散らすため，光拡散用のキャップをかぶせます。さらに乳白色のシートを表面に両面テープで貼り付け，光が均一に出るようにします（写真3-3-2）。乳白色のシートは，100円ショップなどで入手できるホルダーの表紙などが使えます。

　最後に「ありがとうございます」のフィルムを両面テープで貼り付けます。このフィルムは，文字の部分が浮き上がるよう反転して白文字で印刷します（写真3-3-3）。プリント基板作成時に使用する印刷用のシートをインクジェットプリンターで，黒色で印刷するときれいにできます。OHP用の透明フィルムにレーザービームプリンターで印刷してもよいでしょう。

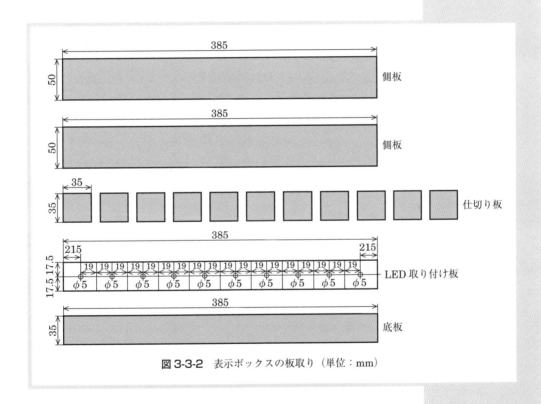

図3-3-2　表示ボックスの板取り（単位：mm）

写真3-3-3　フィルムに印刷したもの

文字は計算ソフトのExcelを用いて各セルに1文字ずつ入れ，文字の大きさは72ポイント，セルの幅は19.13（158ピクセル）にすると35 mmのボックスにぴったりとなります。セルを黒で塗りつぶし，文字の色を白とすると反転表示とすることができます。A4サイズを横位置で使用しても10文字が1行に収まらないため，2行で印刷して貼り合わせます。プリンターの違いで出力サイズが変わることがありますので，セルの幅を変えて何回か試刷りをして表示ボックスに合うようにしてください。または，最初にフィルムを作成し，それに合わせてボックスを作るのもよいでしょう。

　表示ボックスの表面にはスモークドアクリルの板（半透明のダーク調のアクリルの板）を貼り付け，LEDを点灯しないときは文字が見えないようにしています。

　MCP23017は，小型のブレッドボード（17×10ポイント）をボックスの裏面に貼り付けます。

　操作ボックスの穴あけ寸法を図3-3-3に示します。操作ボックスの底とふたに5 mmの放熱用の穴を多数あけています。Raspberry Pi側は

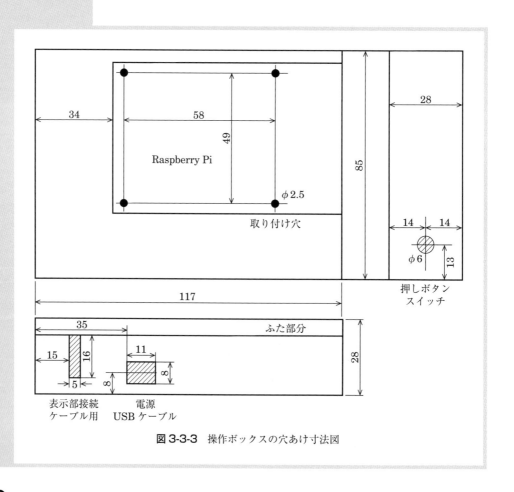

図 3-3-3　操作ボックスの穴あけ寸法図

5Pのピンソケットを使用し，3.3 V，GPIO2（SDA），GPIO3（SCL），GPIO4（人感センサー入力），GNDの各線をハンダ付けします。ブレッドボード側は，5Pのピンヘッダーをハンダ付けし，熱収縮チューブで根元を固定してブレッドボードに挿し込みます。ピンソケットとピンヘッダーは40Pのものを分割して使用します。この接続ケーブルの配線を図3-3-4に，ブレッドボードを写真3-3-4に，そしてそれらの接続ブレッドボードの実体配線図を図3-3-5に示します。

　本機を壁に取り付けるときは，細い紐で吊り下げます。またガラス戸に取り付けるときは，両端に吸盤を取り付けて貼り付けます。窓ガラスに付けた例を写真3-3-5に示します。

　なお，人感センサーを付けた場合，その検知用のPIRセンサーは人体が発生する赤外線を検出し，さらに動くものを対象としているので，人がセンサーに近づくと，出力が"L"から"H"に変化します。この

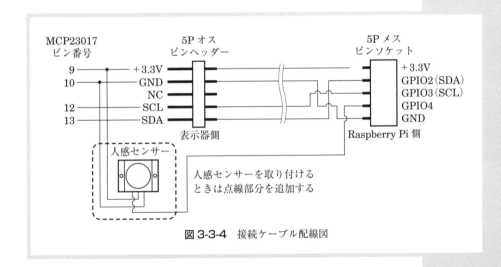

図 3-3-4　接続ケーブル配線図

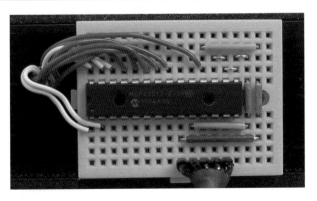

写真 3-3-4　エクスパンダーのブレッドボードのパーツ取り付け

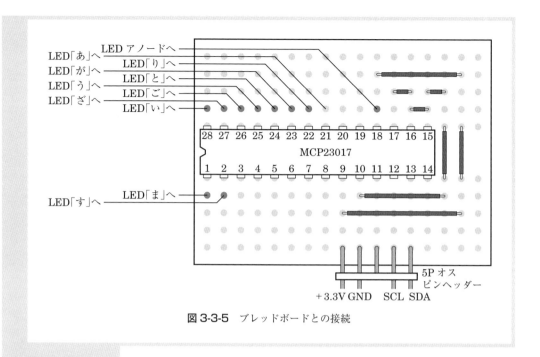

図 3-3-5 ブレッドボードとの接続

写真 3-3-5 窓ガラスに付けた表示部

変化を Raspberry Pi の GPIO4 に接続し，割り込みを発生させて一連の表示を行います。このセンサーの検出範囲は，約 9m と約 4.5m をジャンパーピンで切り替えることができますので，設置場所にあわせてジャンパーピンの接続を変えてください。人感センサーとして使用した Parallax RevB（#555-28027）を写真 3-3-6 に，そのピン配置を図 3-3-6 に示します。

写真 3-3-6 Parallax PIR センサー RevB（#555-28027）

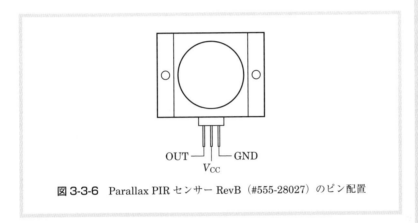

図 3-3-6 Parallax PIR センサー RevB（#555-28027）のピン配置

3-3-4 プログラム

　人感センサーを付けるときは #define PIR を，「本日は閉店しています」のときは #define CLOSE_SHOP を宣言すると，関連の所をコンパイルし，機能により処理を変えることができます。

・led_control

　引数で渡された情報で 10 個の LED をコントロールします。引数の内容が ON（0）のときは全ての LED は点灯し，OFF（1）のときは全ての LED が消灯します。

・seq

　全ての LED を 0.3 秒間点灯，0.3 秒間消灯を 10 回繰り返します。

・flash

　全ての LED を 0.5 秒間点灯，0.5 秒間消灯を 10 回繰り返します。

・high_speed_flash

　全ての LED を 30 ミリ秒間点灯，50 ミリ秒間消灯を 20 回繰り返します。

・all_led_on

全ての LED を 5 秒間点灯後，消灯します．

・init

wiringPi のセットアップを行いますが，エラーのときは-1を返します．I/O エクスパンダー MCP23017 をセットアップし，その後，16 個の全てのポートを出力に設定します．このポートは Raspberry Pi から見て内蔵の GPIO と同じように取り扱うことができ，wiringPi のライブラリーもそのまま使用できます．Offset_address を 100 としていますので，GPIO の番号は 100 から 115 となり，100 から 109 までの 10 個の GPIO を LED に割り付けています．

・main

init 関数をコールし，リターン情報が-1のときは，エラー発生としてプログラムを終了します．表示する方式により，①人感センサーを取り付けたとき，②「本日は閉店しています」，③押しボタンスイッチによる表示の機能を振り分けるため，#ifdef **** #else #endif により，必要な部分をコンパイルします．①のときは人感センサーからの割り込みにより一連の表示を実行し，②のときは一連の表示を繰り返します．③のときは，スイッチが押されるのを待ち続け，スイッチが押されると seq → flash → high_speed_flash → all_led_on の一連の動作をしたあと，全ての LED を消灯し，再度スイッチが押されるのを待ち続けます．なお，何らかの理由でプログラムを終了し，OS（オペレーティングシステム）に戻りたいときは GPIO23 を "0"（GND）に接続します．特にスイッチは付けていませんので，ジャンプワイヤーなどで接続します．

▶ 「ありがとうございます」表示器のプログラムリスト

```
//***********************************************************************
//** Program Name : msg.c
//**「ありがとうございます」表示器
//** Used library: wiringPi.h time.h mcp23017.h
//** Compile: cc -o msg msg.c -lwiringPi
//***********************************************************************
#include <wiringPi.h>              // wiringPi のヘッダーファイルをインクルード
#include <MCP23017.h>              // MCP23017 のヘッダーファイルをインクルード
#define on 0
#define off 1
#define stop_pin 23                // 停止ピンの GPIO
#define pir_pin 4                  // PIR センサー接続ピン
#define start_sw 25                // メッセージ表示スタートスイッチの GPIO
#define address_MCP23017 0x20      // MCP23017 のアドレス
#define offset_address 100         // MCP23017 のオフセットアドレス
```

```c
//#define PIR                       // PIRセンサーを付けるときこの行のコメントを削除する
//#define CLOSE_SHOP                // 「本日は閉店しています」のときこの行のコメントを削除する
int interrupt_flag = 0 ;            // PIRセンサーからの割り込みがあったときに1とする


//*******************************************************************
// 10個のLEDを制御
//*******************************************************************
void led_control(int cont){
        int i ;
        for(i=0; i<10; i++)     // 10個のLEDを制御
                digitalWrite(offset_address+i,cont) ;
                                                // MCP23017のLEDを点灯または消灯
}

//*******************************************************************
// LEDをシーケンシャルに点灯
//*******************************************************************
void seq(){
        int i ;
        int j ;
        for(i=0; i<3; i++){                     // 3回繰り返す
                for(j=0; j<10; j++){
                        digitalWrite(offset_address+j,on) ;
                                                // MCP23017のLEDを順次点灯
                        delay(300) ;            // 300ミリ秒休止
                }
                led_control(off) ;              // 全てのLEDを消灯
                delay(300) ;                    // 300ミリ秒休止
        }
}

//*******************************************************************
// 全てのLEDを1秒間隔で点滅
//*******************************************************************
void flash(){
        int i ;
        for(i=0; i<10; i++){                    // 全てのLEDの点滅を10回繰り返す
                led_control(on) ;               // LED点灯
                delay(500) ;                    // 500ミリ秒
                led_control(off) ;              // LED消灯
                delay(500) ;                    // 500ミリ秒
        }
}

//*******************************************************************
// 全てのLEDを0.1秒間隔の高速で点滅
//*******************************************************************
void high_speed_flash(){
        int i ;
        for(i=0; i<20; i++){                    // 全てのLEDの点滅を20回繰り返す
                led_control(on) ;               // LED点灯
                delay(50) ;                     // 50ミリ秒
                led_control(off) ;              // LED消灯
```

```c
                delay(50) ;                            // 50ミリ秒
        }
}
//*****************************************************************
// 全てのLEDを5秒間点灯
//*****************************************************************
void all_led_on(){
        led_control(on) ;
        delay(5000) ;
}

//*****************************************************************
// PIRセンサーからの割り込み処理
//*****************************************************************
#ifdef PIR                                             // PIRセンサーのときコンパイル
void interrupt_pir(){
        interrupt_flag = 1 ;                           // 割り込みがあったフラグをセット
}
#endif



//*****************************************************************
// 初期化
//*****************************************************************
int init(){
        int i ;
        if(wiringPiSetupGpio() == -1)                  // GPIOのセットアップ
                return(-1);                            // エラーのときは-1を返す
        pinMode(stop_pin,INPUT) ;                      // ストップピンのGPIOを入力に設定
        pullUpDnControl(stop_pin,PUD_UP);              // プルアップ
        pinMode(start_sw,INPUT) ;                      // ストップピンのGPIOを入力に設定
        pullUpDnControl(start_sw,PUD_UP);              // プルアップ

#ifdef PIR                                             // PIRセンサーを付けたときに実行
        pinMode(pir_pin,INPUT) ;                       // PIRピンのGPIOを入力に設定
        pullUpDnControl(pir_pin,PUD_DOWN);             // PIRピンをプルダウン
        wiringPiISR(pir_pin,INT_EDGE_RISING,(void*)interrupt_pir) ;
                                                       // 入力信号の立上がりで割り込み設定
#endif
        MCP23017Setup(offset_address,address_MCP23017);
                                                       // MCP23017をセットアップ
        for(i=0; i<16; i++)                            // MCP23017を全て出力に設定
                pinMode(offset_address+i,OUTPUT) ;
        return(1) ;
}


//*****************************************************************
// 一連の点灯と点滅処理
//*****************************************************************
void all_action(){
```

```
            seq() ;                                  // 順次 LED を点灯
            flash() ;                                // 1 秒間隔で点滅
            high_speed_flash() ;                     // 100 ミリ秒間隔で点滅
            all_led_on() ;                           // 全ての LED を 5 秒間点灯
            led_control(off) ;                       // 全ての LED を消灯
}


//*******************************************************************
// メイン
//*******************************************************************
int main(void) {
            if (init() == -1)        // 初期化処理をコールし戻り値が-1のときはプログラム終了
                return(1) ;
            led_control(off) ;
            while(digitalRead(stop_pin) != 0){       // ストップピンが "L" でない間繰り返す

#ifdef PIR                                           // PIR センサーを付けたとき
                if(interrupt_flag == 1){             // PIR センサーからの割り込みがあったか
                    all_action() ;                   // 全ての点灯方式を実行
                    interrupt_flag= 0 ;              // PIR センサー割り込みフラグをクリア
                }
#else                                                // PRI センサーを付けないとき
        #ifdef CLOSE_SHOP                            //「本日は閉店しています」のとき
                all_action() ;                       // 全ての点灯方式を実行
        #else
                if(digitalRead(start_sw) == 0)       // スタートスイッチが押されたか
                    all_action() ;                   // 全ての点灯方式を実行
        #endif
#endif
            }
            return(1) ;
}
```

【著者紹介】

加藤芳夫（かとう・よしお）

　1945年　埼玉県生まれ
　　　　　気象庁　富士山測候所、南極地域観測隊（越冬）などを歴任

　主要著書　『インターネット気象台』（オーム社　共著）
　　　　　　『マイクロコントローラー AVR入門』（CQ出版社）
　　　　　　『工作と工具もの知り百科』（電波新聞社）
　　　　　　『LED電飾もの知り百科』（電波新聞社）
　　　　　　『LED電子工作ガイド』（誠文堂新光社）
　　　　　　『はじめよう電子工作』（誠文堂新光社）
　　　　　　『高性能マイクロコントローラー活用ガイド』（誠文堂新光社）
　　　　　　『かんたんブレッドボード電子工作』（東京電機大学出版局）

たのしくできる
Raspberry Piとブレッドボードで電子工作

2016年11月20日　第1版1刷発行　　　　　　　　　　ISBN 978-4-501-33190-0　C3055

著　者　加藤芳夫
　　　　Ⓒ Kato Yoshio　2016

発行所　学校法人 東京電機大学　　　　〒120-8551　東京都足立区千住旭町5番
　　　　東京電機大学出版局　　　　　　〒101-0047　東京都千代田区内神田1-14-8
　　　　　　　　　　　　　　　　　　　Tel. 03-5280-3433(営業)　03-5280-3422(編集)
　　　　　　　　　　　　　　　　　　　Fax.03-5280-3563　振替口座 00160-5-71715
　　　　　　　　　　　　　　　　　　　http://www.tdupress.jp/

JCOPY ＜(社)出版者著作権管理機構 委託出版物＞
本書の全部または一部を無断で複写複製（コピーおよび電子化を含む）することは，著作権法上での例外を除いて禁じられています．本書からの複製を希望される場合は，そのつど事前に，(社)出版者著作権管理機構の許諾を得てください．また，本書を代行業者等の第三者に依頼してスキャンやデジタル化をすることはたとえ個人や家庭内での利用であっても，いっさい認められておりません．
［連絡先］TEL 03-3513-6969，FAX 03-3513-6979，E-mail：info@jcopy.or.jp

編集：㈱QCQ企画　　　製作：㈲新生社
印刷：㈱加藤文明社　　製本：渡辺製本㈱　　装丁：大貫伸樹＋伊藤庸一
落丁・乱丁本はお取り替えいたします．　　　　　　　　　　　　　　Printed in Japan